지리산학교
요리 수업

지리산학교
요리 수업

양영하 글·사진

봄

여름

가을

겨울

나비클럽

추천사

2009년 벚꽃 흐드러진 봄날 아침, 화개 십리벚꽃길에서 사진기를 든 그녀의 일행을 만났다.

그녀는 수줍은 얼굴과 부끄러워하는 목소리로 사진에 대해 질문을 이어갔다. 느리고 가느다란 목소리로 상대를 끌어들이는 능력을 지녔다. 귀를 쫑긋 세우고 들어야 했다. 열심히 벚꽃 사진 찍는 이야기를 했고, 그녀는 사진반 수강 신청을 했다.

오래되어 가물가물한 첫 만남의 기억이다. 이후 열심히 들로 산으로 사진 촬영을 다녔다. 사진기 하나 들고 웃고 떠들면서 지천으로 피고 지는 풀꽃들과 섬진강과 지리산과 씨름을 했다. 지리산에 사는 즐거움이다.

어느덧 시간이 흘렀고 그녀는 변했다. 사진반 학생은 잊어버렸고 '발효산채요리반' 선생이 된 지 10년이 넘었다.

음식은 손맛이라 했다. 손맛은 마음씨다. 마음 가는 대로 음식이 된다. 그 마음은 먹는 사람을 위한 마음일 것이다. 그녀가 그랬다. 손끝마다 정성을 다한 음식은 맛을 뛰어넘는 큰 기쁨이 있다. 지리산 곳곳에서 피고 지는 풀, 꽃, 열매에 정성을 더했으니 이 음식에 더 무엇을 바랄까!

그렇게 만든 음식들이 책 한 권에 담겼다. 그녀가 만든 책 또한 맛있다.

정갈하다. 솜씨가 용하다. 사진에서 음식으로, 음식에서 책으로. 그녀의 변화 발전이 무쌍하다. 타고난 천성에 약간의 재주를 더한 것이고, 그저 쉬지 않고 묵묵히 걸어갈 뿐이다.

멋있고 맛있는 책이다. 부디 독자 여러분도 이와 같은 '음식'을 세상에 내어주길 기대해본다. 세상이 맛있다.

덧붙이는 말. 사진이 참 좋다!

_이창수(지리산학교 교장, 사진작가)

그 집을 안다. 그 집 하동 부춘에 있는 토담농가, 하룻밤 등을 누인 따뜻한 아랫목에 대한 기억이 있다. 그 집 남자와 여자는 어찌도 그리 똑같이 생겼을까. 부부는 같이 살면 닮는다지만 아무리 그렇더라도 어쩌면 그렇게 안과 밖이 다르지 않고 향기로운 사람들이라니. 내가 지금껏 만나온 사람 중에 가장 아름다운 부부가 아닌가. 부럽다.

양 선생의 밥상을 날마다 받는 공 아저씨는 무슨 복을 타고났나. 사랑과 정성, 그리움과 기다림과 설렘의 시간을 담아낸 양영하 선생의 상차림이 책으로 엮였다. 사람들이 나도 한 요리 한다고들 하는데 이 책을 읽으며 두 손을 들었다. 햐, 이런 방법이 있었네. 이거 훔쳐야지. 그리고 올겨울부터 이내 밥상에 써먹어야지. 즐겁고 맛있다.

이렇게 탐나는 요리책이라니.

_박남준(시인)

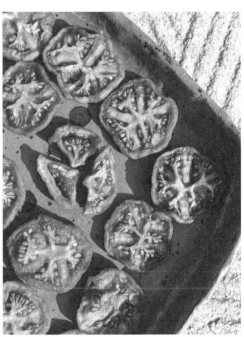

나의 요리 수업 교과서는
자연이었다

전기도 없는 산속에서 몇 해 동안 살았고, 그곳에서 두 아이도 어린 시절을 보냈다. 아이들의 이유식과 간식을 직접 만들어서 먹여야 하는 산골 생활은 자연을 텃밭처럼 생각하게 했다. 시댁 부모님이 물려주신 산에 희망을 걸고 맨몸으로 산을 개간하는 남편의 건강식을 챙기는 것도 늘 내 몫이었다. 전기도, 전화도, 자동차도 없는 문명과 동떨어진 생활이 단순해서 좋기는 했지만, 이웃 없이 살아야 하는 외로움이 가끔 찾아들기도 했다. 그럴 때면 남편은 불쑥 손님을 모시고 왔다. 누구든 반가웠다.

식사를 준비하기 위해 텃밭으로 가는 발걸음이 즐거웠다. 부추를 베고 오이와 풋고추, 깻잎을 딴다. 보드라운 호박잎은 줄기 쪽 까슬까슬한 부분을 벗겨 깻잎과 함께 찐다. 부추와 풋고추를 송송 썰고 고춧가루와 깨소금, 참기름을 넣어 양념간장을 만든다. 때로는 멸치 몇 마리 넣고 된장을 되직하게 풀어 끓인 짭조름한 강된장을 만들어 밥 위에 올려 먹기도 했다. 그렇게 양념장과 강된장에 싸 먹는 호박잎쌈은 여름 별미로 손님들이 무척 좋아했다. 어떤 날은 더덕과 도라지를 밥상에 올리기도 했다.

지천에 올라오는 고사리와 취나물, 산뽕나무 잎은 계절 밥상을 차리기에 좋았고, 방아 잎과 초피 잎은 최고의 향신료였다. 베고 또 베어도 올라오는 부추를 뜯어 김치를 담그고 비라도 오는 날에는 매운 고추를 다져 전을 부쳐 내기도 했다. 꽃이 예쁜 원추리 새순은 자연이 주는 봄나물의 맛을 느끼게 하기에 그만이었다. 소박하지만 푸짐한 밥상을 보고, "어떻게 금방 뚝딱 한상 차려내는지"라고 남편은 손님 앞에 자랑하기도 했다. 지리산 자락에 살고 있어 가능한 일이었다. 머릿속으로 메뉴를 정하는 동시에 텃밭과 자연으로 달려가 식재료를 얻어 계절마다 다른 밥상을 차려내는 일은 내게 즐거움이었다. 우리 집에 '와주는 사람'이 무척이나 반갑고 고마웠기 때문이다.

산중 생활의 겨울밤은 유난히 길다. 해가 넘어가기 전 이른 저녁을 먹고 한참을 놀다가 잠자리에 들어 깊은 잠을 잤는데도 깨어보면 아직 한밤중이다. 작은 창으로 들어오는 달빛이 얼마나 환하고 아름다운지. 우린 달빛에 의지해 아이들과 한바탕 놀다가 다시 잠들기도 했다. 전깃불이 없으니 달빛도 방 안 깊숙이 들어와 함께 놀아주는 듯했다. 큰아이가 초등학교에 입학하고 얼마 지나지 않아 그림 일기장을 보았다. 거기에는 이렇게 쓰여 있었다.
"나쁜 밤! 밤은 왜 있는 거야?"
친구들과 학교에서 놀아야 하는데 밤이 있어 친구들과 헤어지는 것이 싫어서였다. 어른이고 친구고 간에 우리 집을 방문하고 돌아가는 손님에게 인사도 안 하고 방에 들어가 혼자 울기도 했다. 친구가 절실하게 필요할 때 사람이 그리워 외로움을 타는 아이가 안쓰러워 산중 생활을 접고 지금의 집으로 이사했다.
새로 이사한 집에 여분의 방 두 칸이 있어 생각지도 못한 민박을 시작했다. 내 집에 잠을 재우고 돈을 받는 것이 생각만큼 쉽지 않았다. 머무는 동안 친해진 손님들이 돌아갈 때 숙박비를 깜박해도 우리 부부는 서로에게 미루면서 말도 못하곤 했다. 나는 손님들에게 그동안 내가 해오던 음식으로 밥상을 차려서 내었다. 농장에서 뜯어다 말린 각종 묵나물로 밥상을 차리면 손님들은 좋아했다.

"이런 밥상은 그냥 먹으면 안 됩니다."

경상북도 김천에서 오신 단체 손님은 밥상을 받고 모두 자리에서 일어나 손뼉을 쳐 주기도 했다. 민박 오신 손님에게 고마운 마음으로 식사를 차려드렸는데, 점점 식사를 하기 위해 민박을 하는 손님이 많아졌다. 비록 하룻밤 묵고 가더라도 함께 차를 마시고 밥상을 차려드리니 그새 정이 들어 헤어질 때는 늘 서운했다.

성수기가 끝나는 어느 여름날, 손님을 배웅하고 섬진강이 보이는 찻집에서 차를 마시다 나도 모르게 울컥했다. 손님이 가실 때 어린 아들이 숨어서 울던 것처럼.

만남과 헤어짐을 반복하면서 사는 것이 일상이 되어가던 어느 날. 우리 부부는 한 사람에게서 마음의 상처를 크게 입었다. 하릴없이 화개장터를 서성거리기도 하고, 지리산 능선을 보러 뒷산에 오르기도 했다. 노고단에 올라 들꽃을 보며 위로를 받고, 앞산 백운산에 올라 굽이진 섬진강을 보며 마음을 달래기도 했다. 그래도 마음의 상처는 쉽게 아물지 않았다.

그러던 어느 날, 야생차 축제장에 갔다가 지리산학교를 만났다. 막 개교를 준비하면서 학생 모집 홍보를 하고 있었다. 디지털카메라로 들꽃 사진을 즐겨 찍던 나를 위해 남편은 사진반 첫 번째 수강생으로 신청을 해주었다. 사진을 배우고 싶어도 기회가 없어 아쉬웠는데 정말 기뻤다. 나를 위한 가장 큰 투자라 생각하고 카메라를 장만했다. 일상에서 만나는 풍경과 사람, 섬진강과 지리산을 다니면서 찍는 들꽃들, 렌즈로 바라보는 자연은 사람에게 받은 상처에 새살을 돋게 하는 힘이 있었다. 그때 함께 사진을 배운 학생들, 사진반 선생님과 지금까지 좋은 인연을 이어오고 있다.

지리산학교는 지역을 기반으로 한 생활과 문화 학교로 2009년 5월에 경상남도 하동군 악양면 봉대리 389번지에서 문을 열었다. 글쓰기반, 기타반, 가죽공예반, 목공반, 민화반, 브런치반, 숲길걷기반, 사진반, 산야초반, 서예반, 옷만들기반, 야생화탐사반, 인문학명상반, 인형만들기, 프랑스자수반, 퀼트반, 태극권반, 도자기반 등이 있다. 나는 지리산학교가 문을 연 그해 5월부터 사진반에서 공부했다. 그리고 두 해가

지났을 때, 학생들이 지리산학교에 요리반이 신설되면 좋겠다고 제안했다. 장을 담그고 고추장을 담그고 장아찌를 잘 만든다는 이유로 자격증도 없는 나에게 요리 수업을 해달라고 요청했다. 사진을 촬영하면서 내 마음의 상처도 조금씩 치유되었으니, 요리를 통해 누군가에게 위로가 된다면 되돌려주고 싶은 마음에 허락했다. 지리산 자락에 나는 재료로 그동안 만들어 먹었던 것들을 강의하기로 마음을 정했다. 요리 수업 첫 시간. 떨리고 설레는 마음으로 수줍게 눈 마주치며 인사를 했다.

"우리 재미있게 한번 놀아요."

지리산학교
발효산채요리반

산에서 나는 각종 산나물과 제때 나오는 재료로 뚝딱 요리했던 경험을 함께 나누고 배우면서 10년이 흘렀다. '선생이 학생이 되고, 학생이 선생이 되는' 지리산학교 설립 취지에 맞게 함께 어울려 재미나게 놀았다. 맛내는 것은 자신 있지만, 이론이 부족하다는 것을 깨닫고 한방과 약선 요리를 공부하면서 요리 수업을 했다. 각종 요리를 만들어 집으로 가져가니 가족이 좋아하고 지지해준다며, 언제나 수강 신청은 일찍 마감되었다.

지리산학교 발효산채요리반
강의 소개

기다림_ 발효식품(된장, 간장, 고추장, 발효주)
그리움_ 산채요리(어머니의 손맛, 천연조미료 만들기)
설레임_ 장아찌(제철에 나는 산야초를 밥상 위에!)

함께 만들고 함께 나누고
가끔은 함께 산으로 들로 다니면서
자연에 있는 것 슬쩍 빌려 지리산 한자락을 밥상 위에 올려요!

3개월 과정의 한 학기가 끝나면 가까운 곳으로 소풍을 가고, 때로는 2박3일 졸업여행도 갔다. 진도에서 본 아름다운 일몰과 일출, 속초에서의 풍성했던 먹을거리 여행은 지금도 즐거운 추억으로 남아 있다.

야생차 축제장에서 처음 만나 함께 사진을 배우고 요리반을 오래 수강한 다정한 이웃 문희 씨.

스승의 날이라며 자기 집 정원에 있는 작약 꽃을 꺾어 한 아름 안겨주던 예빈 샘.

종강 수업 때, 그동안 수고했다며 나를 위해 요리를 해주었던 유미 씨.

수업에 필요한 재료는 물론 소문난 생활필수품도 공동구매해 수업을 편하게 할 수 있도록 늘 앞장섰던 운하 씨.

항상 유쾌하고 즐거운 얼굴, 서영이와 은경.

함께 요리하는 시간은 몸과 마음이 편하게 쉬는 시간이라며 삼천포에서 달려오던 소월 님.

언제나 마지막 수업을 꽃바구니로 축하해주던 은주 샘.

지리산이 좋아 섬진강 가에 월세로 집을 얻어 여행처럼 두 해 동안 수강했던 수원의 경희 씨와 미경 씨.

막걸리 만들 설기떡을 책임지고 챙겨오셨던 귀여운 명순 샘.

다른 사람을 먼저 챙기고 배려가 몸에 밴 이인 샘.

얼마나 친하던지 자매인 줄 알았던 단짝 봉주 언니와 은옥 언니.

책을 준비하는 나에게, 유명 요리책과 예쁜 천을 협찬해주며 아낌없이 격려해주신 현선 샘.

지리산이 좋아 몇 해 살다가 설악산으로 떠난 연수 씨(발효산채요리반 첫 수업을 1등으로 신청한 학생). 스승의 날에 날려준 예쁜 이모티콘 선물, 감동이었어요.

진주 말투로 살갑게 다가왔던 연두 닮은 현아 씨와 수업반장 남순 언니.

우리 마당에서 아들 결혼식을 치를 때, 단체로 앞치마 두르고 잔칫상을 차려주었던 고마운 수강생분들.

신랑신부가 더 빛나도록 세상에 하나밖에 없는 예쁜 예식장을 꾸며주었던 회옥 언니.

엄마도 할 줄 모르는 요리를 한다고 자랑하던 아가씨 유진.

자신의 텃밭에 난 채소를 챙겨와서 수업이 끝나면 한 상 차려 입을 즐겁게 해주셨던 희남 샘.

박카스를 챙겨와 수강생들의 피로를 풀게 해준 미애 샘.

웃음이 끊이지 않는 착한 미선 씨와 장꼬방 회장님 광주 언니.

뿌리가 길고 실한 냉이를 캐서 봄을 가장 먼저 챙겨주셨던 경희 샘.

산야초반에 수강 신청한다는 것이 실수로 발효산채요리반에 신청하여 김치를 담그고 송편도 빚고 가신 스님 같은 남학생….

유정란 농장을 하면서 수업 때마다 계란을 쪄 왔던 영옥 씨.

크기와 모양이 제각각이지만 하나하나의 항아리가 모여 넉넉한 장꼬방(장독대)이 되었다. 시간이 지날수록 깊은 맛을 내는 장항아리처럼.

나의 스승 같은 지리산학교 발효산채요리반 수강생들에게 깊이 고마운 마음을 전한다.

내 요리 수업의 교과서이고 식재료의 근원 지리산 자락에 터전을 마련해준 농부, 남편에게도 고마움이 크다.

차례

나의 요리 수업 교과서는 자연이었다 12

지리산학교 발효산채요리반 16

건강한 몸과 마음을 위한 요리 27

맛있는 천연조미료 만들기 31

쑥국을 먹어야 비로소,
봄

매화가 피니 김장아찌 43

마음을 안정시켜주는 치자열매차 47

쑥밥으로 쉽게 떡 만들기 51

벚꽃 필 무렵 섬진강 가의 봄동갓 뜯어서 물김치 57

인생의 쓴맛을 달래주는 머위된장장아찌 61

두고두고 먹어도 맛있는 명이나물장아찌 65

세 가지 맛이 나는 능개승마장아찌 69

봄이 띄우는 발효쑥차 73

가시에 찔려도 신나는 제피잎고추장장아찌 77

봄이니까 봄나물물회 81

고추장 속에 봄 향기를 묻어두다, 봄나물모둠장아찌 85

봄바람이 챙겨준 뽕잎나물 89

몸이 개운해지는 뽕잎차 93

행복하고 분주하게 만드는 고추나무 순과 꽃 97

락교 아니고 쪽파초절임 103

4월 안녕! 봄나물부각 107

산다는 것이 이런 맛, 봄나물전골 113

향이 참 좋아 아까시꽃차와 아까시꽃피클 117

5월이 신나는 이유, 앵두잼 121

바질 대신 마늘종페스토 127

얼얼한 향긋함, 제피 열매 요리 131

마늘과 매실발효액의 조화, 마늘장아찌 135

5월엔 오이지가 최고지! 139

냇가에서 잡은 다슬기로
수제비를 끓이고,
여름

여름엔 열무김치 147

맛과 향이 조화로운 오디딸기잼 153

귀엽고 맛있는 오디정과 159

간과 신장에 좋은 상심주, 오디막걸리 163

보리밥과 찰떡궁합인 양파김치 167

들기름 듬뿍 넣고 깻잎구이 171

매실의 환상적인 변신, 매실퓌레 175

쫄깃함에 놀라는 목이버섯피클 181

입맛 없을 땐 매실김치 185

단순하게 매실퓌레된장소스채소구이 189

먹으면 뚝심이 생겨요! 상추김치 193

묘한 매력, 자소엽장아찌 197

쌀밥에 비벼 먹는 짭조름한 다슬기장 201

꽃필 때까지 기다려 부추꽃부각 205

금목서 피었으니 그네를 탄다,
가을

가을학기 첫 수업, 알배기배추단호박백김치 213

발효차를 넣어 풍미가 좋은 달빛차식혜 219

밥알을 싫어하는 이라면 단호박식혜 225

식혜 카페를 차려볼까요, 다양한 식혜들 227

산에서 자란 야생버섯 향을 가두는 방법, 버섯조청 239

짜지 않고 맛있는 수제 육포 247

고소하고 달콤한 코코넛아몬드와 콩 251

저절로 행복해지는 간식, 감자부각 255

가을 김치의 꽃, 숨은무짜박이김치 259

깎아놓은 밤톨조림 267

분홍의 극치, 맨드라미청 271

야무지게 맛있는 쪽파김치 275

지지 말고 그대로 있어줘요, 꽃부각 283

온기 넘치는 구수한 맛으로 변신, 꾸지뽕열매차 291

함께 물드는
겨울

겨울 마중, 생강청 299

기억력을 향상시켜주는 당근차 305

매콤한 고소함이 톡톡, 잣고추장장아찌 309

간단 고추장 만들기 313

겨울엔 동치미 317

뭐라고요? 꾸지뽕정과! 321

1박2일 전통 방식의 흑미찹쌀고추장 325

수업의 마지막은 김장김치 331

섬진강 가에서 자란 야생갓피클 339

톡 쏘는 감칠맛, 안동식혜 345

분단장 곶감단지 351

정과 중 최고, 한라봉껍질정과 355

간편하게 장 담그기 361

작고 소박하지만 돌볼 뜰이 있어 꽃과 나무를 심고 가꾸는 삶이 좋다.

방문을 열면 제일 먼저 연두색 앞산이 내게 복처럼 들어온다.

온몸으로 맞는 그 순간이 항상 설렌다.

지리산 자락으로 오르는 바람에 흔들리는 모과 꽃을 보는 것이 기적 같다.

태풍에 떨어진 모과를 모아 버리고 자연이 주는 만큼만 얻는 것도 고맙다.

자연에서 배운 것들이다.

아침, 차실에 들어오는 햇살은 또 얼마나 따뜻한지

살아 있음을 마음으로 느끼는 순간이다.

창밖을 보며 차 한 잔 마시는 여유는 나에게 주는 선물이다.

작은 텃밭에 상추와 고추를 심고 가꾸며 풀을 매는 적당한 노동과,

나무를 정리하고 물을 주며 가꾼 꽃을 보는 기쁨이 건강한 삶을 유지하게 해준다.

나에게 요리는 '치유의 시작'이다. 지리산학교 요리 수업을 시작할 즈음 귀농 붐이 일었고, 도시에서 온 귀촌인이 많이 신청했다. 도시에서 몸과 마음이 지치도록 열심히 살았으니 이제는 단순하게 살고 싶어 자연의 품에 안긴 사람들이었다. 그분들에게 자연에서 난 것들로 소박한 밥상을 차리는 법을 선물해주고 싶었다. 이른 봄에 올라오는 각종 나물의 여린 순으로 장아찌를 만들고, 물김치를 담그고, 부각을 만들었다. 그리고 사계절을 온전히 견딘 열매로 발효액을 담갔다.

요즘은 비닐하우스 농사가 보편적이어서 철을 가리지 않고 식재료를 구할 수 있지만, 제철에 나는 식재료로 만드는 음식이 얼마나 중요한지 알기 때문에 가능하면 자연에서 재료를 구하기 위해 나갔다. 강둑에 뿌리내린 야생 갓, 산에 지천으로 피어나는 꽃향유, 가꾸지 않아도 묵정밭에서 스스로 달리는 꾸지뽕 열매, 달래와 쑥, 머위 등은 발품만 팔면 구할 수 있는 자연의 재료였다.

과일은 익어야 맛있다. 곡식도 익어야 제맛이 나고 김치와 장도 익어야 깊은 맛을 낸다. 발효요리의 시작은 조상들의 '겨울나기'가 아니었을까 생각한다. 봄여름가을 계절을 따라 피어나는 각종 나물과 채소, 열매를 겨울에도 먹기 위해 저장하는 기술을 체득한 조상들의 지혜가 담긴 음식이 발효요리다. 햇볕과 바람과 이슬 등 자연과 사람의 정성이 보태져서 만들어진 합작품이다.

발효요리는 기다림을 필요로 한다. 기다리면 모난 성질이 온순한 맛으로 바뀌는 신비로운 과정이다. 모든 게 속도로 측정되는 시대. 우리의 밥상도 위협을 받고 있다. 빠르고 간편하게 요리해서 대충 먹거나 쓰레기를 잔뜩 남기는 배달 음식을 즐기는 시대에 발효요리는 시대를 역행하는 일이 아니라 건강한 몸과 마음을 회복하는 과정이기도 하다.

정해진 레시피를 살짝 변형하면 새로운 요리나 음식을 만들 수 있다. 이것은 창작의 기쁨을 수반한다. 그래서 늘 새로움이 샘솟는다. 요리를 할 때 정해진 틀에 갇히지 말기. 요리에도 상상력이 필요하다. 호기심을 갖고 자연을 바라보면 온통 요리 재료들이다. 그 재료를 뜯고 씻고 다듬고 갈무리하는 과정은 요리하는 즐거움을 줄 뿐만 아니라 덤으로 건강을 선물로 준다. 그리고 밥상이 즐거우면 꽃도 더 예쁘게 보인다.

맛있는
천연조미료 만들기

요리할 때 단맛을 내려면 설탕이 필요하지만
제철에 나는 과일이나 채소에 설탕을 넣어 발효시킨 것을 설탕 대신 사용한다.
발효액을 사용하면 맛도 영양도 유익하다.
매실, 오미자, 보리수, 복분자, 오디, 양파, 대파, 고추 등등을
제철에 준비해두면 아주 요긴하게 쓰인다.
가령 설탕 대신 발효액으로 당도를 맞추거나 꿀이나 조청을 활용한다.
특히 설탕과 식초가 들어가는 장아찌나 피클에 발효액을 쓰면 좋다.
건강하게 맛과 풍미를 돋구어주는 천연조미료를 만들어 사용하면 자신의 요리에
자부심까지 생긴다.

최고의 감칠맛을 내는
표고버섯간장

간장을 만드는 방법은 여러 가지다. 메주를 만들어 띄워서 간장, 된장을 만드는 게 정석이지만 작은 생선, 멸치, 새우, 황석어 등을 소금에 절여 단백질을 삭히면 어간장이 된다. 버섯을 소금에 절여 삭히면 버섯 맛 나는 간장이 되지 않을까?

명우 씨가 귀촌 후 시작한 참나무 표고버섯을 선물로 주었다. 하얀 분을 바른 것처럼 통으로 말린 잘생긴 버섯이었다. 그 버섯을 불려서 소금에 절이고 생버섯도 소금에 절여놓고 기다렸다. 짭조름하고 뒷맛이 깔끔한 까만색 간장이 되었다. 나물 무칠 때, 국 끓일 때 넣었더니 최고였다.

재료

□ 불린 표고버섯 1200g   □ 소금 400g   □ 다시마 1조각(약 40g)   □ 쌀누룩 1T

만드는 법

1. 마른 표고버섯을 씻어 물에 불린다.

2. 불린 표고버섯에 소금을 골고루 버무려 통에 담아 꼭꼭 눌러놓는다. 이때 다시마도 살짝 씻어 넣고, 쌀누룩도 넣는다.

3. 10개월 동안 숙성시킨 후 버섯을 꼭 짜서 걸러낸 간장을 밀폐 용기에 담아 보관한다.

다시마식초

재료

□ 다시마(도톰한 것) 250g

□ 현미식초 1.8L

□ 설탕 1kg

만드는 법

1. 다시마는 흐르는 물에 살짝 씻어낸다.

2. 손질한 다시마를 20cm 일정한 크기로 잘라둔다.

3. 현미식초에 설탕을 넣고 저어서 녹인다. 설탕이 녹으면 다시마를 넣고 손으로 조물조물해서 다시마
   맛이 골고루 빠져나오게 한다.

4. 밀봉한 후 열어서 자주 저어준다.

5. 3개월 뒤 다시마와 식초를 분리하여 식초는 병에 담아 보관한다.

Tip 다시마는 다시마피클로 이용하거나, 살짝 건조시킨 다음 차곡차곡 눌러 먹기 좋은 크기로 잘라
냉장 보관하면 훌륭한 간식이 된다. 건져낸 다시마는 된장이나 고추장 위에 덮어두면 저장성이
매우 좋다.

쌀누룩으로 만드는
누룩소금 & 누룩간장

흰쌀밥으로 누룩을 만들다니! 고두밥을 쪄서 누룩균을 골고루 뿌려 파종하면 하얀 균사가 덮여 밤 냄새와 단맛을 띤 과일 향이 나는 쌀누룩이 된다. 소금물에 쌀누룩을 넣어두면 소금누룩이 된다. 나물 무칠 때 넣으면 단맛을 더해준다. 생선이나 육류에 간을 할 때 소금 대신 쓰고, 집간장에 넣으면 누룩의 단맛이 더해져 감칠맛이 나는 간장이 된다. 된장을 떠서 함께 치대어 보관하니 더 맛있게 익었다. 젓갈을 담글 때 넣으면 발효를 도와 한층 풍미를 더해주는 발효조미료다.

쌀누룩

재료

☐ 누룩균 1~2g   ☐ 멥쌀 2kg

만드는 법

1. 쌀을 깨끗이 씻어 충분히 불린다.

2. 불린 쌀을 건져 물기를 빼고 찜기에 찐다(김이 오르고 50분~1시간 정도. 중간에 중불로 조절).

3. 깨끗한 면보에 고두밥을 식혀(36도 정도) 누룩균을 약간 위에서 고루 뿌려 섞어준다.

4. 배양은 면보에 공처럼 뭉쳐서 실내 온도 29~30도에서 발효시킨다(깨끗한 용기, 통, 상자, 전기요나 발효
   기, 스티로폼 상자 등 이용). 내용물의 온도는 38도가 가장 적절하다.

◦ 파종 후 18~22시간 지나면 희뿌연 점이 보인다.

◦ 파종 후 30시간 정도 지나 누룩균에서 약간 단맛의 향이 나면 뭉쳐진 쌀누룩을 풀어주고 다시 뭉
  쳐서 온도를 유지하며 발효시킨다. 수분이 적으면 젖은 깨끗한 면보를 덮어준다.

◦ 파종 후 35시간이 지나면 하얀 균사가 덮여 있고 밤 냄새 같은 향이 난다. 이때 고온에 주의한다(밀폐
  되지 않도록 주의한다).

◦ 48시간이 지나면 고두밥 속까지 누룩균이 파고들어 하얗게 된다. 고두밥 표면에 약간의 흰 솜털이
  생기고 골고루 하얗게 되면 발효를 멈춘다. 맛은 달콤하며 신맛도 약간 있다. 장기 보관할 경우 자연
  건조하여 냉장고에 보관한다.

누룩소금

☐ 쌀누룩 200g(30%)   ☐ 소금 70g(10%)   ☐ 물 400g(40%)

(소금 1 : 누룩 3 : 물 4)

쌀누룩에 소금과 물을 분량대로 섞어 실온에서 여름엔 5일, 겨울엔 7~10일 정도 발효시킨다.

누룩소금 활용(저염식 소화 기능): 장류(된장, 간장, 고추장), 젓갈, 생선 요리, 각종 나물, 김치

나만의 맛내기,
맛술 만들기

술에 생강을 썰어 넣으면 생강술이 된다. 이런저런 맛내기 양념을 술에 담그면 맛술! 그럼 다시마, 양파, 대파, 쪽파, 마늘에 설탕을 넣어 향을 추출한 뒤 여기에 술을 부으면 맛술이 되지 않을까? 실제로 만들어봤더니 정말 향을 강화해주는 맛내기 맛술이 되었다.

재료

☐ 대파 500g   ☐ 마늘 200g   ☐ 손바닥만 한 다시마 1조각

☐ 양파 600g   ☐ 달래 1줌(50g)   ☐ 소주(추출된 원액과 같은 양)

☐ 쪽파 뿌리 5개   ☐ 설탕 1.2kg

만드는 법

1. 손질하여 깨끗하게 씻은 위의 재료들을 설탕에 재어놓는다.

2. 한 달 숙성 후 거른다.

3. 2에서 추출된 원액과 같은 양의 소주를 용기에 담은 후 밀봉한다.

4. 맛술로 바로 사용할 수 있다.

쑥국을 먹어야
비로소,

봄

봄비 내리는 마당을 하염없이 바라본다. 추위를 견디고 핀 홍매화꽃 향이 코끝으로 파고드니 가슴이 콩닥거린다. 냇가로 가지를 늘어뜨린 산수유 꽃은 비에 젖어 더 노랗고, 앞산 능선에 핀 분홍 진달래도 아삼하게 눈에 들어온다. 황홀한 봄을 또 맞이하는구나, 돋아나는 생명의 기운을 온몸으로 받는다. 내가 결혼하고 가장 잘한 일은 딸을 낳은 것이라고 생각하는데, 딸이 태어난 게 딱 이맘때다. 아들이 취업하고 첫 출근하던 날도 이곳에서 매화를 보며 가슴으로 응원했다. 손주가 태어나 첫돌 잔치를 우리 집에서 할 때도 마당에는 살구꽃, 복사꽃이 피어 있었다.

개울 내려가는 돌계단 쪽에 쑥도 올라온다. 무더기로 올라오는 탐스러운 쑥을 캔다. 뒤꼍에 세워둔 표고목에는 백화고가 피었다. 막 이유식을 시작한 손주를 위해 표고버섯을 따서 포를 뜨고 다시 잘게 다져 햇볕에 말린다. 그래도 남는 버섯은 된장을 넣어 쑥국을 끓인다. 설날 세배를 하고 떡국을 먹듯, 쑥국을 먹어야 기운을 얻어 비로소 봄날을 시작한다.

텃밭에 무심히 자라는 달래와 냉이를 캐서 쑥국에 넣어 끓이면 아릿한 그리움이 밴 듯 더 맛있다. 쑥을 넣고 찹쌀로 지은 밥을 작은 절구통에 찧어서 콩고물에 버무리면 맛있는 쑥떡이 된다. 쑥이 좀 더 자라면 뜯어서 차를 만든다. 쑥국을 먹고 봄기운을 받았으니 쑥을 만지고 차를 만드는 손이 가볍고 신난다. 쑥을 씻어 그늘에서 시들시들하게 말리고 비벼서 하룻밤 띄우면 따끈따끈한 기운이 온몸으로 퍼지는 느낌. 봄이 익어가는 듯하다. 키 큰 오동나무 아래에 매발톱꽃이 하늘하늘 피고.

텃밭 둘레로 쭉 심어놓은 능개승마가 튼실한 대를 밀어 올리면 튤립도 피기 시작한다. 쌀밥 냄새가 나는 조팝꽃과 애기사과 꽃도 핀다. 가지에 분홍구슬처럼 달려 있다가 방글방글 피어나는 분홍앵도화가 있어 내 뜰은 더 어여쁘다. 모란이 피면 봄은 절정이다. 기다리던 모란이 피었나 싶으면 금방 뚝뚝 떨어지는 허망함을 달래기 위해 초피나무 곁으로 가서 새순을 바라본다. 뜰에 초피나무가 저절로 나다니, 신기하기 그지없다. 새잎을 뜯어 고추장에 버무려 장아찌로 먹기도 하고 열매 껍질은 향신료로 그만이다. 봄나물을 말려 묵나물을 만들어두는 일도 봄날의 작은 기쁨이다. 이렇듯 자연에서 얻는 먹을거리로 밥상을 차리고 뜰을 돌보며 가꾸는 일은 큰 즐거움이다.

매화가 피니
김장아찌

김을 구워 간장에 콕콕 찍어 밥을 싸서 먹는 일도 지루해질 즈음

매화꽃이 피니 봄나물에 밀려나는 김으로 장아찌를 만든다.

오래전 겨울 지나고 봄이 올 무렵이었던가.

엄마는 말려둔 파래를 반찬으로 만드셨다.

집간장에 마늘, 고춧가루, 깨소금을 넣어 양념해서

마른 파래 위에 그 양념을 살짝살짝 발라두면 짭조름한 파래장아찌가 되었다.

입맛 없을 때 조금씩 밥에 올려 먹고 시원한 냉수 한 사발씩 먹고

기분이 좋았던 기억이 있어 파래 대신 김으로 장아찌를 만들면 좋겠다고 생각했다.

너무 짜지 않게 단맛은 조청으로, 매콤한 청양고추도 다져 사이사이 넣고

볶은 통깨 듬뿍 뿌려 양념이 김에 스며들면

한 장 한 장 떼어 먹는 재미와 매력에 빠지게 된다.

지리산학교 수강생인 현선 샘은 손님들에게 김장아찌를 만들어 대접했다고 자랑했다.

재료

☐ 김 25장(도톰한 김밥용 김)

☐ 진간장 50ml

☐ 표고간장 50ml

☐ 조청 300ml(입맛에 따라 가감)

☐ 육수 300~400ml

고명

☐ 통깨 듬뿍	☐ 청양고추 10개	☐ 말린 파프리카 1T*

육수

☐ 다시마(중간 크기) 1장	☐ 양파 1개	☐ 당근차 5g
☐ 표고버섯 2개	☐ 마늘 1통	

만드는 법

1. 육수와 간장소스 만들기

  ◦ 육수 재료에 물 1.5~2컵 넣고 끓이다가 반 정도 줄 때까지 중불에 10~20분 끓인다.

  ◦ 간장, 육수, 조청을 넣고 팔팔 끓여 준비해둔다.

  ◦ 청양고추 씨를 빼고 길게 채 썰어둔다.

2. 김을 8등분으로 잘라둔다.

3. 자른 김 10장씩 간장소스에 충분히 적신 다음 고명을 보기 좋게 올린다(손질해둔 청양고추, 참깨, 말린 파프리카).

4. 간장을 넉넉히 부어둔다(간장이 약간 따뜻할 때 사용).

5. 간장소스가 김에 스며들면 한 장씩 떼서 먹는다.

*1T는 1큰술, 1t는 1작은술을 뜻한다.

마음을 안정시켜주는
치자열매차

매화꽃 살구꽃이 지고

벚꽃비가 내리고

앞산 연두가 피고 있는데

앞집 마당가 치자는 아직도 겨울잠 중!

깨워서 작은 소쿠리에 따서 담아왔다.

포크로 콕콕 찔러 숨구멍을 만들고

자그만 찜기에 찌고 식히고 말리고를 아홉 번 반복했다.

마지막 열 번째는 오븐에 구웠다.

잘 볶은 커피콩 같다.

우리니 차분하게 마음을 안정시켜줄 것 같은

주황빛이 도는 연한 커피색이 나고 맛은 향기롭기 그지없다.

치자 꽃 향이 숨어 섞인 듯하다.

치자나무에 꽃이 피어서

장독대 위에 우린 차를 올리니 그곳이 딱 제자리!

재료

□ 치자 260g

만드는 법

1. 찜기에서 김이 오르기 시작하면 15분간 찌고 실온에 펼쳐 하루 동안 건조한다.

2. 이것을 아홉 번 반복한다. 참 예쁜 주황색이었던 치자가 갓 볶은 커피처럼 차분해진다.

쑥이 올라오면 봄이 온 거다.

개울가에서 쑥을 두어 줌 뜯어 집에 돌아오니

네모 상자가 도착해 있다. 열어보니 봄옷이 들어 있다.

서울에서 의류업을 하는 초등학교 남자친구가 챙겨 보낸 봄 선물이다.

고마운 마음 담아 이곳 지리산 자락의 봄을 선물하고 싶었다.

콩고물 듬뿍 묻혀서. 찹쌀 찌고 쑥 따로 찧을 필요가 뭐 있어!

찹쌀이랑 쑥을 함께 넣고 밥 지으면 되지,

쑥찰밥이 되면 여리니까 살살 찧으면 되지,

밥알이 덜 찧어지면 어때, 식감이 좋겠지!

바닥에 먼저 콩고물을 펴놓고 그 위에 찧은 쑥찰밥을 올려

골고루 펴놓고 콩고물로 덮었더니

보드라운 쑥인절미가 되었다.

재료

□ 찹쌀 400g

□ 여린 쑥 200g

□ 소금 1t

□ 설탕 2T

□ 볶은 콩가루 200g

만드는 법

1. 여린 쑥을 뜯어 깨끗하게 씻은 뒤 물기를 뺀다.

2. 찹쌀도 깨끗이 씻어 충분히 불린다(4~5시간).

3. 불린 찹쌀에 씻어놓은 쑥을 섞어 압력솥에 밥을 한다(소금 1t, 설탕 2T 넣는다).

4. 밥이 다 되면 보온에서 10분 두었다가 나무방망이나 주걱으로 으깬다. 밥알이 듬성듬성 남아 있어도 좋다.

5. 네모난 쟁반에 콩가루를 듬뿍 펴놓고 그 위에 으깬 쑥밥을 올려 고루 편다(장갑 낀 손으로 소금물을 묻혀가며 고루 편다).

6. 5에 콩가루를 묻혀 먹기 좋은 크기로 자른다.

재료

☐ 찹쌀 400g

☐ 여린 쑥 200g

☐ 팥 300g

☐ 팥 삶는 물(팥 양의 6배)

☐ 소금 1t

☐ 설탕 2T

만드는 법

1. 팥을 깨끗이 씻어서 이물질을 제거하고 물 6배를 부어 삶는다.

2. 팥이 보슬보슬 삶아지면 방망이로 으깬다. 팥알이 남아 있어도 된다.

3. 쑥떡과 같은 과정에서 팥고물을 쓰면 된다.

벚꽃 필 무렵 섬진강 가의
봄동갓 뜯어서 물김치

몇 년 전 물난리에 떠내려온 갓 씨가 자라 섬진강 가 지천에 야생 갓 밭이 만들어졌다. 섬진강의 봄동갓으로 두 가지 김치를 만들었는데 어떤 그릇에 담아 사진을 찍을까, 고심하고 있었다. 마침 《바람이 수를 놓는 마당에 시를 걸었다》의 공상균 작가 팬이신 박현자 선생님이 우리 집에 숙박하러 오시면서 도자기 그릇 몇 점을 가져오셨다.

"음식을 하시는 분이라고 해서 필요할 것 같아 집에 있는 걸 가져왔습니다"

라고 하셨는데 진심으로 고마웠다.

"너무나 필요합니다. 정말 감사합니다. 잘 쓸게요."

집 평면 설계도가 그려진 그릇인데 뒤집으면 국물 있는 요리를 담을 수 있게 디자인된 독특한 그릇이었다. 심지어 접시에 계단도 있다니!

그릇을 만드신 분은 건축사인데 흙에 반해서 도자기를 배워 이런 그릇을 만들었다고 했다.

재료

□ 봄동갓 1.5kg

□ 물 4L

□ 다시마 40g

□ 밀가루 2T

□ 다진 마늘 2T

□ 다진 생강 1T 또는 생강청 2T

□ 액젓 100g

□ 소금 3T

□ 마른 홍고추 3개

□ 말린 파프리카 약간

□ 수박무 약간

□ 당근 약간

□ 배 1/2개

□ 양파(중간 크기) 1개

(절반은 도톰하게 채 썰고, 절반은 갈아 사용)

절임물

□ 물 2L에 소금 200g

만드는 법

1. 소금물에 봄동갓을 40분에서 1시간 가량 절여 짠맛이 남아 있게 살랑살랑 헹군다. 물기를 너무 빼지
   않는다.

2. 다시마 우린 물에 밀가루 2T를 풀어 국물을 만들어놓는다.

3. 배는 갈아서 즙만 사용하고 나머지 재료(다진 마늘, 생강, 액젓)를 섞어 소금으로 국물 간을 맞춘다.

4. 통에 차곡차곡 담고 건조해둔 파프리카, 수박무, 당근, 홍고추 등 몇 개 넣어서 마무리한다.

5. 하루나 이틀 동안 실온에 두었다가 냉장 보관한다.

*반짠지 봄동갓김치

봄동갓물김치를 만드는 과정과 똑같고, 마른 홍고추를 갈아 넣거나 고춧가루를 풀어 넣으면 된다.

인생의 쓴맛을 달래주는
머위된장장아찌

"생꼴 묵은밭에 머위가 지천에 널려 있어 지금 장아찌 만들기도, 쌈 싸먹기도 딱 좋게 자랐다. 뜯어줄게 가져가서 담가라."

해마다 친정엄마가 전화를 주시는데 난 그전에 담가놓은 게 있다고 거절한다.

몇 해 전 알았다고 대답했더니 '태산'같이 뜯어주시는 바람에 각별히 대답에 유의하게 되었다. 올해는 "그럼 조금만, 조금만 뜯어줘" 했더니 그 '조금'이 큰 상자로 가득 20킬로그램은 넘을 듯하다. 밭에서 뜯어 집까지 끌고 오시기 무거웠을 텐데….

마음이 무겁고 짠했다.

저온창고에 넣어두고 3일 동안 작업을 했다.

늘 하던 대로 간장장아찌와 치자 물들인 된장 넣고 장아찌를 만들고

데쳐서 원 없이 쌈 싸먹고 삶아서 너른 바위에 펼쳐 널어 말려 묵나물을 만들었다.

친정엄마의 노고를 생각하며 그 많은 머위 잎을 살짝 시든 것까지 하나 버리지 않고 알뜰하게 요리했다.

머위를 차곡차곡 10장씩 가지런히 고른다. 줄기도 같은 길이로 단정히 자르고 잎을 잡고 찰랑찰랑 흔들어 머위 잎이 흩어지지 않게 주의하며 세척한다. 물기를 뺀 뒤 통에 넣고 약간 짭조름한 소금물을 부어 3일 정도 그대로 두고 삭힌다. 쓴물이 까 만색으로 빠지면서 잎은 살짝 노랗게 변한다. 삭힌 머위 잎을 두세 번 헹궈서 물기 를 꼭 짠다. 준비한 된장소스를 서너 장에 한 번씩 버무려(한 장 한 장 바르지 않아도 된다) 차곡차곡 통에 담아 저장한다.

다시마식초 만들면서 건져낸 다시마로 덮어 저장한다. 된장이 섞이니 적당히 쓰고 적당히 부드러운 머위된장장아찌! 밥 한 숟갈 올려 싸먹듯이 먹으니 쓴맛도 맛있다 는 걸 새삼 알게 해준다. 인생의 쓴맛도 달래주는 듯한 고마운 반찬이다.

recipe
머위된장장아찌

재료

□ 머위 잎 600g   □ 수제 매실퓌레 100g   □ 생수 2L

□ 된장 200g   □ 수제 맛술 60g   □ 소금 60g

□ 치자 2개 우린 물 50g □ 다시마식초 100ml

만드는 법

1. 머위를 씻어서 물기를 뺀 뒤 생수에 소금을 넣고 3일 정도 쓴 물이 빠지도록 그대로 둔다.

2. 절인 머위 잎은 두세 번 헹궈서 물기를 꼭 짠다.

3. 된장과 치자 우린 물, 수제 매실퓌레, 수제 맛술, 다시마식초를 섞어 머위 잎에 한 번에 서너 장씩 버무려 통에 차곡차곡 담는다.

4. 다시마식초에서 건져낸 다시마로 머위잎된장장아찌 위를 덮어 냉장 보관한다.

(Tip) 머위에 끓인 소금물을 부으면 머위의 쓴맛이 빠지고 부드러운 머위의 맛을 느낄 수 있다.

두고두고 먹어도 맛있는
명이나물장아찌

부드럽고 연두색 잎이 고운, 귀한 명이나물을 범석 씨가 보내주었다.

범석 씨는 안동 야산에 수만 평 규모로 명이나물 농사를 짓고 있다.

씨를 뿌려서 가꾸고 있는 중이라 아직 수확량이 적지만 장아찌를 어떻게 만들어야

맛있는지 비법이 궁금하다고 했다.

생산량이 많아지면 장아찌를 만들어 파는 사업을 염두에 두고 있는 듯했다.

두고두고 먹어도 맛있는 매실발효액과 간장의 비율을 알려주었다.

요리 수업 때마다 빠지지 않고 명이나물장아찌를 하는데

다들 맛있다며 무척 좋아해서, 그에게도 이 방법을 아낌없이 알려주었다.

명이나물간장장아찌

재료

□ 명이나물 1kg   □ 다시마식초 300ml

□ 양조간장 250ml   □ 수제 맛술(또는 청주나 소주) 300ml

□ 멸치액젓 250ml   □ 청양고추 1줌

□ 매실발효액 400ml   (청양고추를 넣으면 칼칼하고 매운맛이 난다.)

만드는 법

1. 명이나물은 줄기째 씻어 물기를 뺀 뒤 한 잎 한 잎 가지런히 곱게 가려 놓는다.

2. 청양고추는 적당한 크기로 잘라둔다.

3. 준비한 재료에 간장, 멸치액젓, 매실발효액, 식초, 청주(또는 소주)를 넣는다. 맛을 보고 재료를 가감하
   며 고루 섞는다.

4. 명이나물을 3의 간장에 적셔가며 차곡차곡 통에 담는다.

5. 남은 간장을 명이나물이 잠기도록 다 붓는다. 재료가 뜨지 않게 누름돌로 눌러놓는다.

(Tip) 끓이지 않은 간장소스를 부으면 숙성 시기는 늦어지나 향이 더 좋고 저장성이 좋다.
      간장을 끓여서 부으면 부드러운 장아찌를 먹을 수 있다.

명이나물고추장장아찌

재료

□ 명이나물 300g   □ 고추장 200g   □ 마늘장아찌 담았던 간장소스 150g

만드는 법

1. 고추장에 맛있는 마늘장아찌 간장소스를 섞어 복닥복닥 끓인다.

2. 식으면 씻어 물기를 뺀 명이나물에 한 장 한 장 양념을 얇게 발라 두세 장씩 차곡차곡 담는다.

3. 바로 먹을 수도 있으나 보름 정도 저장했다가 먹을 만큼 꺼내어 먹는다.

세 가지 맛이 나는
능개승마장아찌

3년 전 동생이 웬 뿌리를 한 상자 보내주어 개울이 내려다보이는 텃밭에 심었다.

이름도 예쁜 능개승마란다. 세 가지 맛이 난다 하여 삼나물이라고도 부른다.

눈을 뚫고 올라오는 산나물이라 눈개승마라고도 한다.

이듬해 눈을 뚫고 올라올 정도로 이른 봄 새순이 돋아났으나

꽃을 보려고 따지 않고 두었더니

여름에 있는 듯 없는 듯 하얀색 꽃이 피었다.

올해는 실하고 탐스럽게 새순이 나와 뜯어서 먹어도 남아서

능개승마 꽃을 볼 수 있을 정도였다.

뜯어다 데쳐 나물로 무쳐 먹고 초고추장에 찍어 먹으며

세 가지 맛이 나는지 진지하게 맛보았다.

살이 단단하고 쫄깃하니 고기 맛이라고 했을까.

약간 씁쓸하고 향긋한 맛이 나서 두릅과 인삼 맛이라 한 것 같기도 하고,

쫄깃함이 고비나물을 닮았다.

능개승마는 성질이 차서 고추장을 넣고 장아찌를 만들었다.

재료

☐ 능개승마 1kg

☐ 달래 80g

☐ 청양고추 7개

☐ 진간장 200ml

☐ 표고간장 100ml

☐ 멸치액젓 100ml

☐ 수제 다시마식초 400ml

☐ 수제 매실발효액 400ml

☐ 수제 맛술 400ml

☐ 수제 고추장 200g

☐ 고운 고춧가루 150g

☐ 조청 100g

만드는 법

1. 고추장과 위의 재료들을 섞어 보글보글 약불에 끓여 준비한다.

2. 능개승마는 깨끗이 씻어 물기를 빼두고, 달래는 가지런히 다발로 묶어 함께 놓는다.
   청양고추는 송송 썰어 사이사이 넣는다.

3. 양념을 2에 고루고루 치댄다. 뜨지 않게 누름돌로 눌러 보관하거나 다시마식초에 썼던 다시마로
   덮어놓는다.

Tip 소금물에 데쳐 물기를 빼서 담가도 좋다.

봄이 띄우는
발효쑥차

지리산학교 봄학기 수업은 5월이 개강이다. 쑥이 너무 세어지지 않을까 걱정하며 첫 수업으로 발효쑥차를 만들기로 했다. 쑥을 뜯으러 수강생들과 뒷산으로 갔다.

찔레꽃이 피었으니 쑥도 세어졌지만 부드러운 윗부분만 따와서 집 앞 개울에서 소쿠리에 담은 채 물에 푹 담가 쑥을 씻었다. 놀이하는 것처럼 즐겁게 씻어 물기를 빼고 오동나무 그늘 아래 쑥을 펼쳐 널었다. 쑥이 시들시들해지는 동안 안부로 수다를 떨며 가지고 온 간식거리를 곁들여 차를 마시며 기다린다.

오동나무 그늘 아래 나른한 봄바람에 시들시들해져서 손으로 쥐었을 때 떡처럼 쥐어지면 적당하게 된 것이다. 절구에 살살 찧어서 쑥 형체는 있으나 으깨어지게 하는 과정을 '유념'이라 한다. 차가 잘 우러나게 하기 위함이다. 수분이 적당하게 남은 쑥을 손바닥이 따끈따끈할 정도의 온도에서 하룻밤 띄운다.

쑥이 띄워지는 동안 광양에서 오신 은주 샘과 수원에서 온 경희 씨는 황토방에서 하룻밤 잤다.

깨끗한 면보자기에 싸서 따끈한 곳에 두면 쑥에 남아 있는 수분과 적절한 온도에 제 몸에서 열이 나면서 띄워진다. 생쑥이 반쯤 익었다는 느낌과 함께 김이 모락모락 나면서 쑥 향이 달큼하게 올라온다.

발효가 되면서 부드럽고 온순한 맛으로 변한다. 차가 띄워졌으니 건조기에 쑥을 넣어 바짝 말렸다. 마지막으로 약한 불에 덖음을 해준다. 쑥에 붙어 있는 잔털이 날아가고 이물질도 골라내 구수한 쑥 향이 올라오면 다 된 것이다. 맛에 반한다.

좀 더 여린 쑥으로 만든 차는 부드럽고 순하다. 잎이 약간 세어진 쑥은 약성은 좋으나 약간 쓴맛이 올라온다. 생으로는 쓴맛 그대로지만 띄워서 발효가 되면 달큼하고 쓴맛이 줄어들거나 없어지니 차로 마시면서도 놀란다.

처음에는 여린 쑥을 덖어서 차를 만들었다. 뜨거운 솥에서 아무리 빨리 덖고 잘하려 노력해도 쑥이 솥에 붙어버려서 가끔 태우기도 하고 쑥에는 잔털이 많아 먼지처럼 눈썹 위와 눈동자에까지 내려앉을 정도였다. 그렇다고 만족할 정도의 차 맛은 아니었다. 느끼한 뒷맛이 목에 걸렸다.

그래서 발효시킨 황차처럼 쑥도 띄워보았다. 쉰 냄새가 났다. 실패한 거였다. 원인은 온도가 낮아서였다. 쑥차는 약간 높은 온도에서 띄워야 한다는 걸 알았다.

다시 따끈따끈한 황토방에 띄웠더니 쓴맛이 줄고 부드러운 쑥 향이 올라오고 쓴맛은 사라졌다. 커피 우린 것처럼 탕색이 진하고 빨리 우러나고 맑았다. 맛은 매우 순했다. '달빛쑥차'라고 이름 지었다. 이르면 3월 말부터 쑥이 부드러울 때 마음을 다하여 차를 만들면서 4월을 보낸다. 차 맛이 좋고 쑥차 마니아가 많아서 발효산채요리반 수업에서 발효쑥차 만들기는 빠지지 않고 꼭 한다.

재료

□ 쑥 2kg

만드는 법

1. 쑥을 흐르는 물에 씻어 물기를 빼고 적당히 그늘에서 말린다(바람이 잘 통하는 반그늘, 쑥을 쥐어보면 흩어지지 않고 잘 뭉쳐질 때까지).

2. 수분을 날린 쑥을 유념한다(절구에 으깨지지 않을 정도로 찧어도 된다).

3. 엉킨 부분을 잘 털어서 50도 정도의 따끈한 온도에서 10시간 정도 띄운다.

4. 잘 띄워진 쑥은 바짝 건조시킨다.

5. 끝덖음을 한다(아주 약한 불에 30분 정도 마른 팬에 볶다가 맛이 가장 좋은 시점에서 멈춘다).

가시에 찔려도 신나는
제피잎고추장장아찌

봄이 오면 제피 잎 새순이 마냥 반갑고, 보고만 있어도 입맛이 돈다.

새순을 따서 향을 맡아보고 요리한다.

어린잎에 난 가시는 보드랍지만 묵은 가지에 난 가시는 세서 찔리면 아프다.

조심해도 가끔 가시에 찔려 아프지만 신난다.

간단하게 고추장에 버무려 참깨 솔솔 뿌려 식탁에 올리면

고급진 음식을 먹는 느낌이다.

식구들에게 어서 먹어보라고 재촉한다.

"아~ 맛있다!"

그 한마디에 신이 나서 해마다 봄이면 가시에 찔려가며 제피 순을 따서 요리한다.

재료

☐ 제피 잎 반그늘에 살짝 말려서 100g

☐ 고추장 5T(200g)

☐ 매실퓌레 5T(100g)

☐ 오미자청 2T(30g)

☐ 수제 맛술 2T(20g)

☐ 볶은 참깨 1T

만드는 법

1. 참깨를 제외한 위의 재료들을 모두 넣고 바글바글 끓여 식혀둔다.

2. 어린 제피 잎을 따서 가볍게 씻어 물기를 빼서 반그늘에서 살짝 숨죽을 정도만 건조시킨다.

3. 준비한 제피 잎에 끓여 식혀둔 맛고추장을 살살 버무려 통깨를 뿌려 마무리한다.

봄이니까
봄나물물회

살얼음 초고추장 국물에 신선한 회와 채소를 넣고 말아서 먹는 물회.

봄이니까!

회 대신 봄나물을 초고추장에 말아서 먹어도 좋겠다는 생각에

벌써부터 마음이 들떴다.

돌나물이 그렇고 엄나물도 그렇다. 더덕도 찢어서 초고추장에 찍어 먹는다.

봄나물은 초고추장과 궁합이 잘 맞아서 뭐든 곁들여 먹으면 맛있어진다.

섬진강 가 매운탕집에 갔더니 텃밭에 있는 엄나물을 따고 계셨다.

우리 집에 백화도 피었고 뇌두가 열두 개 족히 되는 귀한 더덕도 있겠다!

엄나물을 보니 너무 반가워 넣고,

현관 앞에 있는 보드라운 제피 잎 새순, 너는 당연히 넣고,

뒤꼍에서 딴 백화표고버섯, 계곡 물소리가 들리는 텃밭머리에 자란 돌나물 한 줌,

말려둔 당근 꽃 서너 개, 땅콩 한 줌, 건조해둔 개나리꽃 다섯 개!

재료를 모아보니 봄동산이다. 귀한 봄동산을 버무릴 소스는 색을 더 선명하게 빛내

줄 맨드라미청을 한 숟갈 넣으리라.

역시 기대 이상으로 맑은 붉은색 초고추장이 만들어졌다!

소스를 얌전히 얹고 애기사과 꽃잎 한두 장 올리니 봄꽃동산이 되었다.

그날 인도네시아에서 살다 잠시 돌아온 유리네와 그의 친구 부부가 와서 함께 매실

와인 한 잔 하며 봄동산을 즐겼다. 남은 국물에 국수까지 말아 먹으니 좋은 사람들

과 함께여서 더 맛있었다.

더덕 뇌두를 자르는 순간, 올리브유 향이 그득했다. 신기했다.

재료

☐ 신선한 산나물들

맛초고추장 만들기

☐ 고추장 3T

☐ 배즙 150g

☐ 매실퓌레 5T(50g)

☐ 맛술 2T

☐ 다시마식초 2T

☐ 맨드라미청 2T

☐ 마늘 1t

☐ 참기름 1t

☐ 매실발효액 5T

☐ 고운 고춧가루 1T

만드는 법

1. 엄나물을 데쳐서 꼭 짜놓는다.

2. 돌나물과 제피 잎 새순은 씻어서 물기를 빼둔다.

3. 더덕은 껍질을 벗겨 먹기 좋은 크기로 잘라놓는다.

4. 백화표고버섯을 먹기 좋은 크기로 잘라놓는다.

5. 그릇에 보기 좋게 담아서 맛초고추장을 끼얹는다.

*봄나물숙회는 데친 봄나물들과 초고추장을 골고루 잘 섞으면 된다.

*초고추장 만들기: 다시마식초 5T, 고추장 100g, 마늘 2쪽, 통깨 1T, 참기름 1T, 매실발효액 5T, 고운
　고춧가루 1T

고추장 속에 봄향기를 묻어두다,
봄나물모둠장아찌

올봄, 지리산 자연밥상 문희 씨네는 젊은 청년 직원들과 나물파티를 열었다.

나도 초대받아 실컷 먹고

가죽나무 순, 엄나물, 두릅, 취나물, 옻나무 순 등등을

한 아름 얻어왔다.

소금물에 데쳐서 헹궈 물기를 빼고 반그늘에서 꼬들꼬들 말린 뒤

고추장으로 양념해서 저장했다.

고추장 속에 봄향기를 묻어두었다.

익으니 맛이 더욱 깊어졌다.

재료
☐ 가죽나무 순 250g
☐ 옻순 250g
☐ 엄나물 250g
☐ 두릅 250g

양념
☐ 매실발효액 150g
☐ 고추장 5T
☐ 된장 3T
☐ 맛술 120g
☐ 다시마식초 60g
☐ 고춧가루 5T

만드는 법

1. 위의 재료들을 소금물에 데쳐서 헹구고 물기를 뺀 다음 반그늘에 꼬들꼬들 말린다.

2. 양념재료를 골고루 섞어서 바글바글 끓이고 식힌 뒤 1에 버무린다.

(Tip) 다시마식초를 만들었던 다시마로 장아찌 위를 덮어두면 좋다.
약간의 참기름을 넣고 바로 먹어도 좋다.

봄바람이 챙겨준
뽕잎나물

봄날 바람 덕분에,

모과 꽃이 피고 애기사과 꽃도 피었다.

4월 어느 날,

꽃을 시샘하는 바람치고 태풍에 가까운 바람이었다.

모과나무가 흔들리고 홍단풍나무가 흔들리고

애기사과 꽃도 바람에 마구 떨어졌다.

아까워라, 저걸 어째 하는데 차실 앞에 있는

키 큰 뽕나무도 흔들흔들하니

파란 오디 열매가 달린 채 수백 개의 뽕나무 이파리가

바람에 이기지 못하고 마냥 산디밭에 나뒹굴었다.

한바탕 바람이 지나가고 잠잠해지기를 기다렸다가

마당 잔디밭에 있는 뽕잎을 주웠다.

웬 횡재인가 싶어 기분이 좋았다.

뽕잎을 데쳐서 집간장과 참기름을 넣어 무치고

내친 김에 현관 앞에 있는 제피 잎도 한 줌 따고

마당가에 있는 가죽나무 순도 두어 가지 똑 따와서

고추장에 매실발효액을 넣어 무쳤다.

먹음직스레 깨소금도 넣었다.

깨소금과 참기름 향이 집 안에 퍼지면 부자 된 기분이 드는 건 나뿐일까?

잠깐 지나간 큰 바람 덕분에 차려진 밥상이었고,

봄날 저녁밥을 원 없이 맛있게 먹었다.

몸이 개운해지는
뽕잎차

"뽕잎 따러 오실래요? 지금 뽕잎 크기가 차 하기도 좋고 나물 하기도 진짜 좋게 자랐어요."

"지금 저 못 가요. 하던 일이 있어 마무리해야 하거든요."

"그럼 남겨놓을게요. 시간 될 때 따가지고 가서 요리하세요."

피아골 농평 올라가는 길 옆에 자그만 산을 가진 문희 씨와 통화한 지 한 주가 지났다. 언제나 흔쾌히 도와주는 문희 씨 남편이 안내하는 대로 아침 일찍 산에 갔더니 이런, 어떤 부지런한 사람이 가지를 잘라서 뽕잎을 따가고 아주 조금만 남아 있었다. 문희 씨 남편이 톱까지 준비해갔기에 남아 있는 가지를 잘라주면 나는 잎을 따 가지고 와서 차를 만들었다.

예전에 뽕잎을 덖어 차를 만들었더니 향이 느끼하고 미끈거리고 서늘한 느낌이 들어 비위가 상했다. 그 맛이 싫어서 뽕잎을 띄워보았다. 하룻밤 황토방에서 발효시켰더니 완전히 다른 성질처럼 달큼하고 개운한 맛으로 바뀌어 아주 흐뭇했다.

어린잎이어야 유념이 잘되고 발효도 잘된다. 잎이 큰 뽕잎은 잎 자체가 얇은 데다 잘 비벼지지 않고 부스러져 차 만들기가 어려웠다.

조그만 벚나무 그늘 아래 뽕잎을 널어서 자주 손으로 뒤집어주며 수분이 날아가게 했다. 그날 오후에 적당히 시들해진 뽕잎을 손으로 비볐는데 나비 날개처럼 가벼웠다.

황토를 바르고 편백나무로 마감한 황토방 느낌의 발효통에서 하룻밤 발효시켜 바짝 말려 밀봉했다가 마지막으로 약한 불에 덖어주었다. 유리 다관에 넣고 뜨거운 물을 부어 우려 마시니 오디 향이 올라오며 몸이 뜨끈해지고 개운해지는 느낌이다. 차 잘 만들었네. 내가 나를 칭찬했다.

recipe
뽕잎차

재료

□ 어린 뽕잎 1kg

만드는 법

1. 어린 뽕잎을 따서 반그늘에 한나절 정도 시들시들하게 건조시킨다.

2. 1의 뽕잎을 유념한다.

3. 유념한 뽕잎을 띄운다(온도 50~55도, 10시간).

4. 뽕잎을 바짝 말린다.

5. 마지막으로 약한 불에 30분 정도 덖는다.

6. 밀폐 용기에 담아서 보관한다.

(Tip) 유념할 때 부스러지지 않게 하는 것이 중요!

행복하고 분주하게 만드는
고추나무 순과 꽃

양념으로 쓰는 고추가 아니에요.

산에 나무로 자라요.

고추나무 순 나물은 얼마나 고소하고 맛난지 몰라요.

우리 집 개울가에 큰 고추나무가 있어요.

꽃이 한가득 했어요. 뜻밖의 발견에 기뻐서

활짝 피기 전 몽글몽글 맺혀 있을 때 땄어요.

꽃은 세 그릇으로 나눠서

꽃부각과 꽃차를 만들고

새잎이 달린 꽃은 데쳐서 나물로 무쳐 먹었어요.

고추나무 꽃과 새순

고추나무꽃

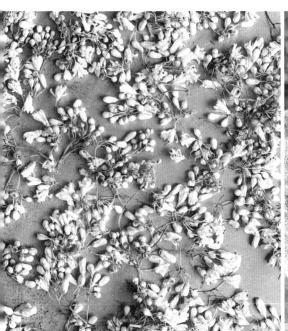

고추나무꽃차   고추나무순나물

꽃부각 만들려고 고추나무 잎이 달린 꽃을 따서 한 그릇 담아놓고,

꽃만 따서 꽃차 만들려고 또 한 그릇 담아놓고,

부드러운 순과 잎 달린 꽃은 나물 해서 먹으려 한 그릇 담아,

고추나무 꽃과 새순으로 세 가지 요리를 했어요.

꽃부각은 치자 물을 들이고 맨드라미 물을 들이고

고운 고춧가루를 넣어 주황색을 내고

하얀색 꽃 그대로 네 가지를 만들었어요.

다시마 우린 물에 찹쌀풀을 되직하게 쑤어

라이스페이퍼를 펴고 그 위에 찹쌀풀 바른 꽃을 한 송이씩 놓아 말리니

다시 예쁜 꽃으로 피었고 기름에 살짝 튀겨내니 더 고운 꽃송이로 피어났어요.

고추나무 꽃이 쌀밥 같았어요.
꽃만 오븐에 넣어 굽듯이 말렸어요.
60도에서 2시간 말리니 밥알이 펼쳐져 있는 것처럼 보이고
마지막으로 마른 팬에 살짝 구웠더니 누룽지 같았어요.
누룽지처럼 구수하게 보이는데 이름은 고추나무꽃차랍니다.
쌀밥 냄새가 나는 것 같은데 찔레꽃 향기가 나니 마시면 기분 좋은 맛이랍니다.

진짜 맛있는 나물이라면 이 고추나무 순 정도는 되어야 말할 수 있어요.
보드라운 순과 아직 덜 핀 꽃송이채 데쳐서 간장, 참기름, 깨소금만 넣어
조물조물 무치면 밥보다 나물을 더 많이 먹게 된다지요.
고소하고 녹차 향이 났어요.

우리 집 개울가에 있는 고추나무 순과 꽃 덕에 며칠 분주했답니다.

락교 아니고
쪽파초절임

생선회에 곁들여 먹는 락교. 실물을 본 적이 없는 락교가 궁금했다. 쪽파 뿌리인 줄 알았는데 락교는 돼지쪽파 뿌리라고 한다. 락교 닮은 쪽파로 초절임하면 되겠다 싶었다.

여름 지나고 가을쯤이면 귀농한 친구 선희가 쪽파 씨를 꼭 챙겨준다. 김장 무, 배추 심을 무렵에 심어야 하는데 때때로 뒤늦게 심어도 봄이면 작은 숲처럼 파랗다. 쪽파 잎이 실해져 그간 한두 줌씩 뽑아 다듬어 양념으로 쓰다가 봄비라도 오는 날이면 부침개를 해서 먹어도 남았다.

쪽파 뿌리가 굵어지고 파랗던 잎은 생명을 다한 것처럼 늙어 부스스하고 쓰러진다. 그러기 전에 모두 뽑았다. 파뿌리와 알뿌리와 줄기까지 다 쓰려고.

개울에 가서 흙을 씻어내고 나니 실뿌리가 얼마나 하얀지 사랑스럽다.

"쪽파 좀 다듬어줘요."

점심을 먹고 난 뒤 남편에게 부탁했다.

남편과 박 팀장 남자 두 분이서 봄날, 다듬는 데 집중하는 뒷모습이 숭고하기까지 했다.

쪽파 뿌리와 줄기는 청을 담고 알맹이는 초절임하면서 색을 입혀야지!

맨드라미 효소와 비트차 섞어서 분홍색, 치자 2개 넣어 노란색, 그리고 쪽파 그대로 세 가지 색으로 아이리스 꽃 앞에 두니 초록과 어우러져 화사하게 빛났다.

락교 아닌 쪽파초절임!

쪽파초절임

재료

☐ 쪽파 350g

☐ 치자 2개

☐ 다시마식초 90g

☐ 수제 맛술 50g

☐ 매실발효액 50g

☐ 홍매실초 2T

☐ 오미자 60g

☐ 치자 넣고 절인 소금물 50g

☐ 맨드라미와 비트를 우려서 소금에 절인 물 50g

만드는 법

1. 쪽파는 다듬어서 씻은 뒤 알뿌리만 사용한다.

2. 소금물에 2시간 절인다. 색을 입힐 치자를 넣거나 맨드라미와 함께 비트 우린 물도 함께 넣는다.

3. 절인 쪽파를 건져 알맞은 그릇에 담는다. 준비한 재료를 끓여서 살짝 식으면 소스를 붓는다.

4. 하루 정도 실온에 두었다가 냉장 보관한다.

(Tip) 냉장 보관해도 치자 물 들인 노란색과 맨드라미, 비트 물 들인 분홍색은 시간이 갈수록 짙어진다.

4월 안녕!
봄나물부각

얇고 연한 연둣빛 위에 붓으로 묽은 붉은색을 입힌 듯한 가죽나무 잎.

어렸을 때 집 앞에 가죽나무 한 그루가 있었다. 나무가 너무 커서 아버지는 긴 장대 끝에 낫을 달아서 가죽나무 새순을 따셨고, 새순에서는 세상에 없는 향이 났다. 그 키 큰 가죽나무에서 순진무구하셨던 아버지의 향이 난다. 생각하면 언제나 아릿하다.

잎에서 윤이 나면서 간지러운 연두색에 붉은 기가 돌았다. 엄마는 그 가죽나무 순으로 부각을 만드셨다. 나는 그 향이 싫어서 잘 먹지 않았는데 억지로 권해 한두 조각 먹다 보니 그 맛에 정이 들었었다. 꾸들꾸들 약간 덜 마른 가죽부각에 묻어 있던 참깨 맛이 고소했던 추억이 그리워 봄날, 봄나물부각 만들기 수업을 했다.

구례 장날, 현선 샘과 함께 옻나무 순, 가죽나무 순을 산다.

현관 앞에 있는 제피나무에서 잎을 따고,

미리 불려둔 찹쌀을 다시마 우린 물에 풀을 되직하게 쑤어 준비를 하고,

들깨를 씻어 햇볕에 말려두었다.

가죽나물부각에 사용할 풀, 매콤한 고운 고춧가루 두 스푼 넣어 색을 내고,

옻나무 순과 가죽나무 순은 살짝 데쳐 4월 바람에 꾸덕꾸덕하게 말려서 준비했다.

종이호일을 깔고 가죽나무 순에 찹쌀풀을 골고루 발라 햇볕에 꾸덕꾸덕하게 말린 후 한 번 더 찹쌀풀을 입혀 들깨를 콕콕 찍어 올려서 건조시켰다. 다들 부각은 처음 만들어본다고 했다. 꾸덕꾸덕 말랐을 때 잘게 잘라 꼭꼭 씹어 먹으니 가죽나무 순의 향이 입 안 가득 퍼지면서 어릴 때 먹었던 그 향내가 되살아났다.

봄나물은 맛과 향이 제각각 다르고 생기가 돌게 하는데, 발효산채요리반 수강하시는 분들이 꼭 그렇다. 요리 수업 진행하는 과정이 언제나 유쾌하고 재밌다.

가죽부각, 옻순부각, 제피잎부각도 만들었다. 덤으로 김부각도 만들었다. 4월의 마지막 날이었다. 4월, 안녕!

recipe
김부각

재료

☐ 김 40장 ☐ 육수 6컵

☐ 찹쌀가루 2컵 ☐ 통깨 1컵

만드는 법

1. 도톰한 김부각용 김을 준비한다.

2. 찹쌀풀을 되직하게 쑤어 식힌다.

3. 김을 펴서 반쪽에만 풀칠하고 반으로 접어 윗면에 다시 찹쌀풀을 고루 발라 일정한 패턴으로 참깨를 올린다. 참깨 대신 들깨를 사용해도 된다.

4. 햇볕에 잘 말려 먹을 만큼 굽거나 기름에 튀겨 먹는다.

Tip 꾸들꾸들 말랐을 때 잘게 잘라서 간장이나 고추장에 찍어 반찬으로 먹어도 좋다.

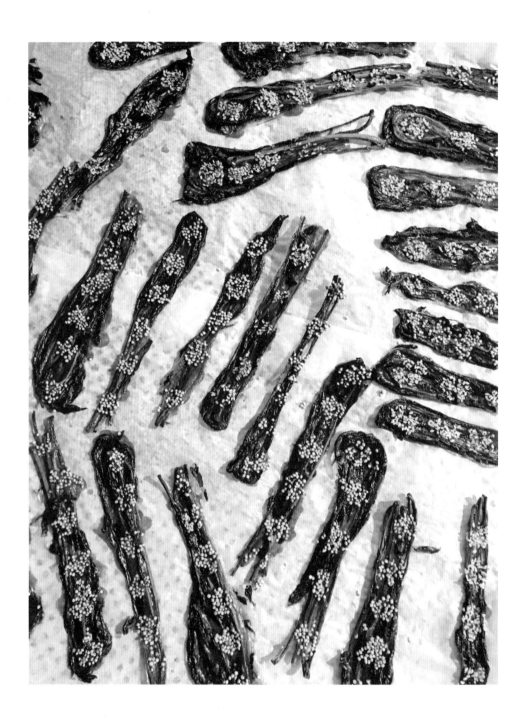

가죽나무잎부각

재료

☐ 가죽나무 잎 500g

☐ 찹쌀가루 200g(2컵)

☐ 고춧가루 50g

☐ 통깨(또는 들깨) 1컵

☐ 육수 6컵(다시마, 표고버섯, 양파, 멸치)

만드는 법

1. 가죽나무 잎은 끓는 소금물에 살짝 데쳐 채반에 물기가 없게 꾸덕꾸덕하게 말린다.

2. 찹쌀가루에 육수를 3배쯤 넣어 풀을 쑤어 식혀놓는다. 간장(액젓)을 약간 넣어 간을 한다.

3. 꾸덕꾸덕하게 말린 가죽나무 잎에 식은 찹쌀풀을 고루 바르면서 통깨(또는 들깨)도 콩콩 찍은 후 말린다.

4. 가죽부각이 꾸덕꾸덕 마르면 찹쌀풀에 고춧가루와 고추장을 넣어 붉게 물들여 다시 가죽나무 잎에 고루 펴서 덧바른다.

5. 바람이 잘 통하는 곳에서 햇볕에 다시 말린다(건조기 사용 시 55도에서 6~8시간 정도 말린다. 중간에 뒤집어준다).

6. 겉면이 윤기 나게 마르면 밀폐 용기에 담아 보관한다. 먹을 때 참기름을 발라 굽거나 낮은 온도의 기름에 튀겨 먹는다.

산다는 것이 이런 맛, 봄나물전골

봄이라서 좋았다. 참 좋았다. 앞산 연두를 보는 것과 그 연두를 닮은 맛,
나물을 먹을 수 있어서 너무 좋았다.
민박을 하면서 살림집 거실에다 식사를 차려드렸던 여러 해 전,
봄 밥상이 제일 맛깔나고 봄나물 밥상 차려내는 일이 제일 신났다.
손님 몇 분을 위해 나물을 종류대로 잔뜩 데쳐서
참기름, 깨소금 넣고 그릇에 듬뿍 담아 내놓았다.
손님이 맛있다며 더 달라고 하면 부끄러워서 직접 가져다주는 걸 못했다.
남편을 시켰다. 얼떨결에 민박을 하고 손님을 위해 밥상을 차리게 되었지만
쑥스럽고 부끄러웠다.

나물 반찬을 푸짐하게 준비했으니 언제나 많이 남았다.

주말에 왔던 손님들이 떠나고 주중이 되면 남은 나물을

우리가 때마다 먹고 비빔밥으로도 먹었다.

그래도 남아서 어느 날은 냄비에 넣고 한소끔 끓였더니

'연두가 이런 맛이구나⋯, 산다는 것은 이런 맛이구나' 하는 생각이 들었다.

그런 발상을 한 게 흐뭇하고 맛이 좋아서 '봄나물전골'이라고 불렀다.

가끔 봄나물 틈에 얇게 썬 불고기용 소고기를 한 줌 슬쩍 끼워 넣고 끓이기도 했다.

해마다 시어머님은 봄나물을 챙겨 보내주셨다.

머위는 집 앞에서 뜯어다 삶아서 껍질을 벗긴 줄기를 사용했다.

취나물, 미나리, 두릅, 엄나물, 능개승마, 쑥부쟁이, 오디가 달린 뽕잎나물,

표고버섯 한 줌까지 다듬고 데치고 무쳐서 냄비에 곱게 올린다.

국물은 다시마 한 장 우린 물을 사용한다. 나물이 잠기도록 부어 한소끔 끓이고

나머지 간은 버섯간장으로 한다.

'산다는 것이 이런 맛'임을 자부하는 봄나물전골을 만들어 함께 먹고 싶은 사람이

참 많다. 좋은 사람들과 함께 나누니 연두가 뚝뚝 떨어지는 느낌이었다.

향이 참 좋아
아까시꽃차와 아까시꽃피클

"오늘은 외근입니다!"

남편은 아침 일찍 자전거를 타고 나갔고, 느지막한 아침에 공 피디님과 나는 차를 타고 문수리로 갔다. 감자를 굽고 따뜻하게 쑥차를 우려서 보온병에 담고 빵도 챙겨 바구니에 담았다.

남편은 아까시나무 아래 자전거를 세워놓고 기다리고 있었다.

오늘 꽃서리를 하기로 찜한 나무였다. 아까시 꽃을 세 줌 따놓고 개울가로 내려가서 도시락을 먹었다. 소풍 가서 먹는 음식은 참 맛있다.

오래전 산자락에 살 때 앞산에 아까시나무가 많았다. 나의 비밀 정원처럼 그 꽃그늘 에서 놀다가 손이 닿는 가지의 꽃을 따서 설탕에 재워놓으면 하루만 지나도 아까시 꽃 물이 녹아 꼭 아까시 꽃 꿀이 되었다. 소나무 순을 꺾어다 섞어 만들기도 했는데 찬물을 타서 마시면 오묘하게 맛있는 음료가 되었다. 그래서 해마다 만들었다.

이곳 부춘마을로 이사 오고 처음 맞이하던 5월.

문수리에 놀러갔는데 가는 길 옆으로 아까시나무가 가득하고 향기도 그윽했다.

아까시 꽃향기가 참 좋아서 꽃을 따서 먹다가 꽃차를 만들어보겠다고 몇 송이 따는데 가슴이 얼마나 콩닥거렸는지 모른다. 길가에 피어 있는 아까시 꽃을 훔치던 5월의 이른 아침에 누가 볼까 봐 마음 졸였다! 내 비밀 정원에서는 마음껏 꽃을 땄건만. 지금도 5월이 되면 문수리 가는 길에 핀 아까시 꽃길과 꽃서리를 하면서 가슴이 벌렁거렸던 일이 어제 일처럼 생각난다.

청을 만들고 꽃차를 만들고 오미자청과 매실발효액을 섞어 피클을 만들었다.
아까시 꽃향이 참 좋아서.

아까시꽃피클

재료

□ 아까시 꽃 100g

□ 다시마식초 80g

□ 소금 1g

□ 물 100g

□ 오미자청 50g

□ 매실발효액 50g

□ 맛술 50g

만드는 법

1. 아까시 꽃을 씻어 물기를 빼고 그릇에 담아둔다.

2. 다시마식초, 소금, 오미자청, 매실발효액, 맛술 물을 끓여서 한 김 식힌 다음 1에 붓는다.

5월이 신나는 이유,
앵두잼

텃밭 아래 있는 앞집 앵두나무가 담장을 넘어 우리 뜰로 넘어왔다.
거기에 매달린 앵두는 우리가 따 먹는다.
"가영이네 집으로 넘어갔으니 가영이네가 따 먹어야지요."
앵두나무 주인이 말했다.
한 줌 따서 입안에 가득 넣고 씨앗만 푸푸 내뱉는다.
5월이 신나는 이유다.

집 옆으로 계곡물이 흐르고 섬진강 건너 백운산 정상이 보이는 이곳 화개로 이사 왔을 때 집 주변에 물앵두나무만 다섯 그루 있었다.

그 첫해 물앵두가 익어가는 5월에 앵두 따 먹던 일이 얼마나 즐겁고 행복했는지.

아침 먹고 후식은 앵두나무 아래 가서 잘 익은 앵두 한 줌 따서 한입 털어 넣고 오물오물하다 씨만 푸푸 뱉는 행복을 즐겼다.

일하다가 새참 먹으러 가자며 앵두나무에 매달려 잘 익은 앵두를 따서 이가 시큰하도록 먹었다.

그렇게 먹다가 앵두가 끝나기 전에 따서 오랫동안 먹을 수 있는 방법은 잼이지 싶어 한 알 한 알 씨를 빼서 잼을 만들었다. 정말 깜짝 놀랄 만큼 맛있었다.

그 맛을 잊지 못해 해마다 앵두가 익으면 실컷 따 먹고 잼을 만들어 빵에 발라 먹거나 구운 감자에 올려 먹었다. 앵두가 익는 5월은 여전히 신나고 즐겁다.

재료

□ 잘 익은 앵두 1.2kg

□ 설탕 600g

만드는 법

1. 설탕에 앵두를 하룻밤 절여서 한 알 한 알 씨를 빼낸다.

2. 손질한 앵두를 1에서 나온 시럽을 넣고 바글바글 끓인다.

3. 시럽이 많으면 한 번 더 약불에 졸인다.

4. 살균한 병에 뜨거울 때 넣어서 보관한다.

재료

□ 앵두 600g

□ 설탕 400g

□ 꿀 1T

만드는 법

1. 설탕 200g에 앵두를 하룻밤 절여서 한 알 한 알 씨를 빼낸다.

2. 씨를 제거한 앵두에 2차로 남은 설탕 200g을 넣어 절인다.

3. 2차로 절인 앵두를 1차, 2차 시럽을 모두 넣고 바글바글 끓인다.

4. 식으면 다시 한번 졸인다.

5. 마지막으로 꿀을 넣고 한 번 더 약불에 졸인다.

6. 앵두가 식기 전에 한 알 한 알 넓은 접시에 펼쳐서 건조시킨다.

Tip 소금을 한 꼬집 넣으면 더 맛있어진다.

바질 대신
마늘쫑페스토

남편은 식사 대용 빵을 좋아한다.

바질과 견과류, 올리브유를 넣어 만든 페스토를 곁들이면

더 맛있게 먹을 수 있는데 바질 향을 싫어한다.

나도 처음엔 입에 맞지 않았지만 조금씩 먹다 보니 좋아져서

페스토를 만들기 위해 텃밭에 바질을 심었다.

구례장에서 모종 두 개를 사다가 심었는데

늦가을까지 가지가 늘어나 스치기만 해도 바질 향이 난다.

봄날에 어느 농부님이 마늘쫑을 보내주셨다.

여전히 즐기지 않는 남편을 위해

바질 대신 마늘쫑페스토를 만들었다.

연두색이 예뻤고 맛은 더 좋았다.

방아 잎으로도 만들었고, 자소엽, 깻잎, 제피 잎으로도 만들었다.

우리 입에 익숙한 맛은 결코 실망시키지 않는다.

재료

☐ 마늘쫑 150g

☐ 캐슈너트와 잣을 섞어서 150g

☐ 파마산치즈 80g

☐ 올리브유 250g

만드는 법

1. 마늘쫑은 적당한 크기로 잘라 씻은 후 물기를 빼둔다.

2. 캐슈너트와 잣은 따로 볶아서 식혀둔다.

3. 모든 재료를 섞어서 믹서기에 간다.

4. 만든 페스토 80%를 병에 담고, 남은 20%는 올리브유를 채워서 냉장 보관한다.

(Tip) 덜어 먹은 만큼 올리브유로 다시 채운다.

얼얼한 향긋함, 제피 열매 요리

씨가 까만색으로 여물기 전 연두 속에 하얀 속살 제피 열매가 주인공인 요리를 만들어야겠다는 생각이 들었다. 오늘만큼은 제피 열매를 주재료로 대접해야지. 여린 제피 열매로 피클을 만들어두었다가 통후추 대신 통제피 열매를 써야지!
매실발효액과 오미자청, 소금 한 꼬집을 넣고 끓여 한 김 식으면 제피 열매에 붓는다. 제피열매초절임 완성!

나는 제피 향이 참 좋다. 봄을 기다리는 이유 중 하나다. 여린 순을 뜯어서 고추장에 매실발효액을 섞어 무쳐 먹거나 장아찌를 만들어 먹다가 잎이 억세어지고 열매가 열리면 씨가 여물기 전에 따다가 갈아서 열무김치 담글 때 꼭 넣는다. 알싸하고 얼얼한 향긋함이 맛있다.
알싸하고 얼얼한 향긋함이 좋은 제피 열매, 저렇게 매력 있는 향이 나는 페스토 어때? 만들어 먹어보나마나 좋겠지? 하고 생각하니 내 손이 먼저 제피 열매를 따고 캐슈너트와 잣을 볶고 올리브유를 챙겨놓았다.
섞어서 믹서기에 갈았더니 기대만큼 매력적인 제피페스토가 완성되었다. 제피를 좋아하는 사람에게 파스타에도 빵에도 잘 어울리는 제피페스토를 자신 있게 선물하고 싶다.

재료

☐ 연한 제피 열매(연한 제피 잎 섞어서) 100g

☐ 캐슈너트와 잣을 섞어서 130g

☐ 올리브유 200g

☐ 파마산치즈 80g

만드는 법

1. 연한 제피 열매와 연한 제피 잎을 따서 깨끗이 씻은 후 물기를 빼놓는다.

2. 캐슈너트와 잣은 따로 살짝 볶는다.

3. 위의 모든 재료를 믹서기에 넣어 갈아준다.

4. 만든 페스토 80%를 병에 담고 남은 20%는 올리브유를 채워서 냉장 보관한다.

5. 오래 두고 먹을 것은 냉동 보관한다.

(Tip) 덜어 먹은 만큼 올리브유로 다시 채운다.

마늘과 매실발효액의 조화,
마늘장아찌

벌써 여러 해가 지났다. 마늘장아찌를 만들 때 매실발효액 넣고 간은 소금이나 간장으로 하면 좋겠다는 생각이 들었다. 실패하면 어때? 마늘 겉껍질만 벗기고 통으로 담갔다. 며칠 지나니 통마늘이 붉은 꽃송이 같아 예뻤다. 그 붉은 꽃송이 같던 통마늘이 차츰 익어가면서 갈색으로 변했다. 꺼내서 먹으니 그때까지 먹어본 마늘장아찌 중에 최고였다. 일반적으로 식초에 삭힌 뒤 설탕, 간장 넣고 담그면 된다고 하지만 말이다.

맛에 자신 있어 그 다음 해에 판매용으로 마늘장아찌 700킬로그램을 만들었다. 해가 지나고 묵을수록 깊고 달고 맛났지만 반 이상은 나눠 먹고 반 이하는 판매했다. 무려 5년 동안 나누고 또 나누어주고 먹었다.

마늘장아찌뿐 아니라 취나물과 비비추로도 만들었다.

얼마나 많은 양을 만들었는지 모른다. 취나물과 비비추는 재배하지 않고 산에 자생하는 나물을 아낙들이 뜯어온 걸 산나물 취급하는 상회에서 모아놓으면 미리 주문했다가 가져왔다.

취나물과 비비추는 잎이 절여지면서 수분이 빠져나가 싱거워지기 때문에 매실간장에 초벌 절이고 다시 매실발효액을 넣은 절임간장에 담갔다. 이렇게 하면 다른 어떤 방식으로 만든 것보다 맛있다. 그러나 나물 잎으로 만든 장아찌는 해가 지나고 묵으면 맛이 덜하고 배송 중에 통이 부풀어 터지는 사고도 났다.

방풍나물장아찌도 그런 방식으로 만들고, 씨가 여물지 않은 어린 열매일 때 산초장아찌도 만들었다. 남편이 산초열매를 씻었는데 며칠 지나니 손등과 손목이 화상 입은 것처럼 벌개졌다가 피부가 일어나고 피부병처럼 보였다. 장갑을 끼지 않고 맨손으로 씻다가 산초열매 독이 오른 것이었다. 오랫동안 기미 낀 것처럼, 아직도 흔적이 남아 있다.

매실장아찌까지 만들어 다섯 가지 장아찌를 포장해서 선물 세트를 만들었다. 서울 방산시장까지 가서 포장재를 맞추고 용기를 사고 준비했다. 홈페이지에 소식을 올렸다. 기꺼이 구매해준 온라인 고객들, 숙박하러 오셨던 손님들, 내 친구 강 사장님, 진심으로 다시 한번 고마운 마음을 전하고 싶다. 재구매하신 분들도 있었지만 절반 이상 남은 장아찌들을 저온창고에 보관하다가 어느 해엔 마음먹고 모두 정리를 했다. 비비추, 취나물, 방풍나물 세 가지 장아찌를 느티나무 아래 땅을 파서 묻었는데 아까운 마음은 조금도 없고 속이 다 시원했다.

매실장아찌는 건조기에 말려 보관하고 상품으로 출시하니 반응이 좋았다.

산초열매장아찌는 아직도 저온창고에 있다. 꺼내서 맛보기는커녕 선물도 판매도 엄두를 안 내고 있다. 버릴까 하다가도 향에 호불호가 있지만 오래 숙성하면 맛이 순하고 약성도 유지되기에 그냥 두다 보니 벌써 10여 년이 지났다.

이후 한동안 장아찌를 만들지 않았다. 몸서리가 나고 멀미가 났다. 장아찌에게서도 멀미가 난다는 것을 아는 사람이 몇이나 될까. 그러면서도 마늘장아찌는 꼬박꼬박 담그다니!

재료

☐ 겉껍질만 제거한 장아찌용 통마늘 2kg

☐ 매실발효액 1300g

☐ 멸치액젓(또는 양조간장) 430g

☐ 맛술(또는 소주) 100g

☐ 다시마식초(또는 일반 식초) 100g

만드는 법

1. 통마늘은 겉껍질 한 겹만 남기고 벗겨서 손질해둔다.

2. 손질해둔 통마늘을 씻어 물기를 뺀다.

3. 마늘에 준비한 매실발효액, 멸치액젓, 다시마식초, 맛술 등을 섞어 붓는다. 내용물이 뜨지 않게 꼭
   눌러둔다.

4. 최소 3개월 이상 숙성시켜야 먹을 수 있다.

(Tip) 기호에 따라 매실액과 식초, 간장 등을 가감하면 된다.

5월엔
오이지가 최고지!

오이를 좋아하고 싶어도 먹으면 속이 편하지가 않다. 그런데 적당히 짭조름하고 달달한 오이지는 자꾸 당기고 오독오독 맛있다.

소금물을 끓여서 오이에 부어 익히는 게 정석이지만, 번거로워서 매실장아찌 만드는 방법으로 해보기로 했다. 소금 넣고 매실발효액, 식초, 설탕 비율을 조절해 담갔더니 간편해서 좋았다. 이 방법을 지리산학교 수업시간에 알려주었는데 몇 해 뒤에 방송이나 SNS에서 물 없이 오이지 만드는 법이 소개되고 있었다.

색도 노랗게 예쁘면 좋겠다고 생각해서 치자 열매를 몇 알 넣었다. 기대한 대로 보기 좋게 노란 오이지가 되었다.

오이지가 노랗게 고운 색으로 익으면 물기 없이 꼭 짜서 고춧가루, 깨소금, 마늘, 참기름을 넣어 조물조물한 다음 접시에 담아내는 게 오이지무침이다.

노랗게 잘 익은 오이지 색깔이 고춧가루에 뒤죽박죽 감춰져 맘에 들지 않았다. 그래서 수강생들에게 "오이지 썰어서 한 번만 물에 헹궈 건져낸 다음 꼭 짜지 말고 고춧가루도 넣지 말고 무쳐보세요"라고 권했다.

봄 139

오이지를 얇게 동글동글 썰어 물에 우리지 않고 매실발효액에 물을 희석해서 섞어 넣었다. 짜지 않고 맛있는 오이지냉국이 되었다.

때가 지나면 저장이 힘든 블루베리. 눈에 좋다고 하니 '노래하는 농부' 님에게 사서 두고두고 먹으려고 욕심을 내 냉동 보관했다. 먹으니 이가 시려 싫증이 났다.

그래서 우유를 넣고 믹서기에 갈아 블루베리라테를 만들어 먹었다. 그러다가 오이지냉국에 넣으면 잘 어울리겠다는 생각이 들었다.

찬물에 매실발효액을 타서 동글동글 썬 오이지를 넣고 냉동 블루베리를 살짝 씻어 넣었더니 시원하면서 먹음직스러워 보였다. 단정한 봄나물 몇 가지와 꽃잎 몇 장 띄웠다. 먹는 동안 냉동 블루베리는 살짝 녹아서 먹기도 좋게 화사하고 맑은 오이지냉국이 되었다.

냉동 블루베리는 오이지와 함께 초여름 식탁을 흐뭇하게 해준다.

재료

☐ 오이 42개	☐ 식초 3컵	☐ 매실발효액 1컵
(오이 1개 무게 185g)	☐ 설탕 4컵	☐ 치자 말린 열매 2개
☐ 천일염 3컵	☐ 소주 3컵	

만드는 법

1. 오이를 부드러운 수세미로 단정하게 씻어 물기를 빼놓는다.

2. 오이를 용기에 차곡차곡 담는다. 소금과 설탕을 섞어 오이 위에 고루 뿌려주고 식초와 소주도 부어
   준다(비닐봉지를 이용하면 간편하다).

3. 한 번씩 뒤집어주고 4~5일이면 완성된다.

4. 완성된 오이지는 용기에 담아 오이지 담근 물이 찰랑거릴 정도로 채워서 냉장 보관한다.

재료

☐ 오이지 2개	☐ 매실발효액	☐ 꽃송이 3~4개
☐ 블루베리 1줌	☐ 생수	

만드는 법

1. 오이지를 동글동글 썰어준다.

2. 5:1로 섞은 생수와 매실발효액에 오이를 넣는다. 이때 국물은 내용물이 잠길 정도로 넣는다.

3. 냉동된 블루베리를 한 번 헹구고 2에 섞는다.

4. 먹을 수 있는 꽃송이를 하나 띄운다.

Tip 기호에 따라 깨소금과 고춧가루를 넣는다. 넣지 않으면 깔끔한 오이지냉국이 된다.

냇가에서 잡은 다슬기로
수제비를 끓이고,

여름

앙다문 꽃망울을 개미들이 앞발로 톡톡 건드리면 작약은 한 장씩 꽃잎을 연다. 앞산에서는 뻐꾸기가 울고, 마당에 있는 물앵두는 더 붉을 수 없을 정도로 고운 색을 내며 익어간다. 향이 좋은 때죽나무 꽃은 물 위에 떨어져 맴을 돌고, 무더기로 핀 불두화가 수북하게 꽃비를 뿌릴 즈음, 초피나무 열매는 녹두만큼 자라 있다. 씨앗이 여물기 전에 따서 피클과 페스토를 만든다. 애호박을 따서 볶아 나물을 무칠 때 서너 알 깨서 넣으면 알알하게 전해오는 맛. 초피 열매는 해마다 초여름의 맛을 선물한다.

우리 집의 여름은 매실의 계절이다. 매실 농부 남편 덕분에 수확 철에는 새벽 출근을 한다. 한낮에는 너무 더워 일하기가 힘들기 때문에 새벽부터 매실을 딴다. 잘 익어서 한쪽 볼이 빨개진 매실은 향이 얼마나 좋은지 힘든 것도 잊게 할 정도다. 매실로 청과 식초를 만들고 퓌레도 만든다. 한 달 정도 이어지는 매실 작업이 끝나면, 장독대 옆 비파나무에는 황금색 열매가 주렁주렁 달려 혀끝을 자극한다. 바빠서 잊고 있던 뜰을 둘러본다. 그새 풀이 많이 자랐다. 땅에 엎드려 영역을 넓혀가는 은배초 사이로 듬성듬성 올라오는 풀을 뽑는다. 귀촌한 친구 선희가 준 모종으로 키운 각종 채소는 먹고도 남아 우리 집을 방문하는 손님들과 나눈다. 그런 작은 즐거움들이 풀 뽑느라 지친 몸을 달래기에 충분하다.

보라색 장미수국이 피면 괜히 내 꿈이 핀 것처럼 마음이 설렌다. 철 따라 피어나는 꽃을 보기 위해 투자하는 노동은 생각보다 힘들다. 꽃밭 풀을 매다가 너무 덥고 지치면 개울물 속에 들어간다. 물속에서 텀벙거리며 노는데 어디선가 향이 날아든다. 바위를 타고 흘러내린 사위질빵 꽃이다. 다슬기가 가장 맛있다는 신호라도 되는 듯, 그 향을 맡으며 다슬기를 잡는다. 물놀이하면서 잠깐만 잡아도 수제비를 끓여 서너 사람이 한 끼 먹을 정도는 된다. 애호박과 매운 고추를 넣어 칼칼하고 쌉쌀한 수제비 한 그릇이면 여름 더위에 지친 몸을 달래기엔 그만이다. 민박 손님이라도 있는 날에는 함께 다슬기를 까서 양념장을 만들어 밥에 비벼 먹기도 한다. 마침 텃밭에는 하얀 부추 꽃이 피고 분꽃도 피고 진다. 그렇게 산골의 여름은 지나간다.

여름엔
열무김치

언제부터 만들었을까? 좋아했을까? 기억을 더듬더듬 거슬러 올라가니

친정엄마는 한여름 콩밭에 열무 씨를 뿌렸다.

열무가 자라면 솎아서 풋고추와 홍고추를 대충 갈아 담아주셨다.

한여름 식구들과 밥 비벼 맛있게 먹었던 추억.

결혼하기 전 외삼촌이 운영하던 한약방에서 근무했었는데

외숙모님이 여름엔 언제나 열무김치를 만들어 밥상을 차려주셨다.

열무비빔밥을 만들어 먹으면 그렇게 맛있을 수가 없었다.

결혼 후 자연스럽게 여름이면 김치를 담갔다.

시할아버지는 치아가 없으셔서 드시기 좋게 잘게 잘라서 상을 차려드렸다.

내가 담근 김치가 짜지 않아 맛있다고 하셨다.

그랬다. 결혼하고 여름이면 열무김치를 만들었고,

시누이가 좋아하니 챙겨 보내기도 했다.

여름 요리 수업에서도 빠지지 않는 열무김치!

모두가 참으로 좋아한다.

텃밭에 심은 열무가 뿌리도 제법 귀여운 크기로 자랐다.

다듬어 흐르는 개울물에 담가두면 흙이 금방 떨어지고 깨끗이 씻겼다.

재료를 하나하나 준비하다 보면 어느새 마음이 들뜬다.

시간과 정성을 들이면 틀림없이 맛있다.

가끔 바쁠 때 내가 생각해도 마음이 대략이면 뭔가 빠진 느낌이 들곤 했었다.

정성껏 담가서 시어머니와 친정엄마, 며느리에게 보내고도 내가 먹을 몫이 충분했다.

작은 텃밭에 한 이랑만 씨앗 뿌려 심었는데!

"지난번 담근 열무김치 벌써 다 먹었어요. 너무 맛있어요."

요리 수업에는 귀농한 친구 선희가 농사지은 열무로 김치를 담갔다.

열무가 부드럽고 좋아서 더 맛났고, 익으니 명품 김치였다.

다시마를 우려낸 국물에 찹쌀풀을 쑤어 담그는 게 명품 열무김치의 비법이다.

재료

□ 열무 1단(2kg)	□ 마른 고추 1줌	□ 고추청 1T
□ 소금 400g ± 100g	□ 홍고추 1줌	□ 생연근 1뿌리(100~150g)
□ 마늘 200g	□ 청양고추 1줌	또는 연근가루
□ 양파 2개	□ 생강 1톨 또는 생강청 1T	□ 매실액 2~3T

국물 재료

□ 다시마 2장   □ 찹쌀가루(밀가루 또는 보릿가루) 1/2컵   □ 멸치액젓 약간

만드는 법

1. **국물 만들기** 물 1~1.5ml에 다시마를 넣고 끓이다가 다시마를 건져낸다. 쌀가루와 연근가루를 풀어서 끓여(약간 걸쭉한 상태) 약간의 소금이나 멸치액젓을 넣고 식혀둔다.

2. **열무 절이기**

   열무를 잘 다듬어 물에 살살 씻어놓는다(열무는 길이가 짧고 통통한 것이 좋다).

   열무에 소금을 고루 뿌려 짜지 않게 절인다. 간이 고루 잘 배도록 중간에 한 번 뒤집어준다.

   열무가 적당히 절여지면(30~40분) 한두 번 살살 헹구어 건져놓는다.

3. **양념 만들기** 마늘은 다지고 홍고추와 풋고추, 마른 고추, 양파 1개는 채썰고, 생강 또는 생강청과 고추청을 넣고 연근 가루가 없을 경우 생연근을 갈아서 사용한다. 기호에 따라 제피 열매를 넣기도 한다.

4. **버무리기** 준비해둔 국물에 양념을 섞어 절인 열무와 잘 버무린다. 싱거우면 멸치액젓으로 간을 맞춘다.

5. **보관하기** 완성된 김치는 서늘한 실온에 반나절이나 하루 정도 두었다가 냉장 보관한다.

(Tip) 얼갈이배추를 약간 섞어 담가도 좋다.

맛과 향이 조화로운
오디딸기잼

큰아이가 유치원에 들어가려는데 학생 수가 모자라 초등학교가 분교로 바뀌면서 병설유치원이 폐원되었다. 가려던 유치원이 없어졌으니 실망이 이만저만이 아니었다. 결국 큰아이는 바로 초등학교에 들어가게 되었다. 입학생이 세 명이었다. 학생보다 학부형이 더 많은 초등학교 입학식. 큰아이는 학교에 가는 것을 너무 좋아했다.

학교에 더 있고 싶은데 1학년은 오전 수업이 끝나면 집에 와야 하니 많이 아쉬워했다. 고학년 형들처럼 오후까지 학교에서 지내고 싶어 했다. 친구가 집에 오면 "우리 밥도 먹지 말고 놀자"라며 친구랑 노는 걸 좋아했고 사람을 좋아했고 일찍 외로움을 알아버린 듯했다. 그랬던 아이가 결혼을 하고 아들을 낳았고, 그 아이가 세 살이 되었다. 손주 은유는 과일을 좋아한다. 아기 때부터 딸기를 가장 좋아해서 은유를 보러 갈 때면 꼭 딸기를 사들고 갔다. 그런 나를 딸기 할모(할머니)라고 부르더니 지금은 영하 할모라고 부른다.

할머니, 할아버지, 고모까지 좋아하는 사람이 있으니 졸려서 눈이 감기는데도 눈을 부릅뜨고 꾹 참고 버티곤 한다. 그러다 늦게 잠든 은유의 모습이 꼭 어렸을 적 제 아빠를 닮았다. 때가 되어도 밥도 먹지 말고 놀자고 하던 아들과, 졸음을 참고 늦은 시간까지 노는 어린 은유. 두 아이들을 생각하며 오디딸기잼을 만들었다.

텃밭에 딸기를 딱 한 뿌리 심었는데 해가 지날수록 줄기가 뻗어나갔다. 그렇게 식구가 늘어나서 시장에 파는 딸기가 끝나면 우리 집 텃밭 딸기는 익기 시작한다.
첫물 딸기는 그나마 모양도 맛도 제법인 데 비해 두 번째 세 번째 익은 딸기는 예쁘지 않지만 향은 달콤한데 맛이 새콤해서 딸기시럽을 만들거나 딸기잼을 만든다.
딸기가 익어 거의 질 무렵 오디도 익기 시작한다. 오디로 만든 잼은 좀 싱거워서 상큼한 딸기와 섞어 잼을 만들어보았다. 향과 맛이 적당히 조화롭고 참 좋았다.

딸기밭에 숨어 있는 딸기를 찾아 오디와 함께 설탕에 재웠다가 끓인다.
한 번에 끓여서 끝내지 않고 두 번 또는 세 번까지 약불에 졸이면 설탕을 적게 넣어도 쫄깃하고 달콤한 오디딸기잼이 된다.
오디나무 아래 그물을 펴고 나무를 마구 흔들면 오디가 우박처럼 후드득 떨어진다.
한 줌씩 입에 털어 질리도록 먹고 오디청을 담그고 오디딸기잼을 만들었다. 예쁜 딸공 피디님은 오디주를 병에 담아 메모해서 5월에 담가둔 앵두주 옆에 세워두었다.

재료

☐ 오디 800g

☐ 딸기 500g

☐ 유기농 설탕 800g

만드는 법

1. 오디와 딸기는 흐르는 물에 재빨리 씻어 건져놓는다.

2. 오디와 딸기를 설탕에 5시간 정도 재워두었다가 중불에 끓이면서 저어주고 과육을 주걱으로 듬성 듬성 으깨준다. 과육이 좋으면 으깨지 않고 졸여도 된다.

3. 2가 식으면 한 번 더 약한 불에 천천히 저으면서 농도를 봐가면서 졸인다.

4. 찬물에 떨어뜨렸을 때 풀어지지 않으면 다 된 것이다.

(Tip) 신맛이 적은 오디로만 잼을 만들면 심심하지만 딸기와 함께 섞어 만들면 딸기 향이 스며들어 맛있는 잼이 된다.

귀엽고 맛있는
오디정과

매실농장 입구에 아름드리 뽕나무가 한 그루 있다.

오디가 익을 무렵이면 잎사귀가 얼마나 푸르고 반짝거리는지 꼭 스무 살 청년 같다.

해마다 오디가 어찌나 풍성하게 열리는지!

일반 오디는 한두 알만 만져도 손톱 밑이 까맣게 물드는데, 매실농장의 오디는 익으면 연보라색이 되면서 입가에 검게 물들지도 않고 부드럽고 달콤하다.

한두 알씩 익어가면 찾아서 따 먹다가 며칠 사이에 연보라가 그득해지면

나무 밑에 그물을 펴놓고 나무 위에 올라가서 막 흔든다.

연보라색 오디들이 후드득후드득 떨어진다.

뜻밖의 횡재가 마구 쏟아지는 느낌이다.

함께 따러 갔던 이웃 미연에게 한 소쿠리 떠맡기고,

나는 딸기를 섞어서 오디잼을 만들었다.

좀 더 졸이면 오디정과가 되겠지 생각하며 끓였다가 식혔다를 반복하니

아주 귀엽고 맛있는 오디정과가 완성되었다.

재료

□ 오디 2kg

□ 설탕 1kg

□ 꿀 2T

□ 조청 2T

□ 딸기시럽 5T

□ 소금 한 꼬집

만드는 법

1. 오디를 흐르는 물에 살살 씻어 물기를 빼놓는다.

2. 설탕에 재워서 하룻밤 둔다.

3. 중불에 25분 정도 끓이다가 약불에 10분 정도 끓인다.

4. 오디가 식으면 조청과 꿀을 넣어 중불에 2회째 졸인다.

5. 두 번 졸인 오디가 식으면 약불에 다시 졸인다.

6. 따뜻할 때 체에 걸러 시럽을 빼고 채반에 올려 바람이 잘 통하는 곳에서 자연 건조시킨다(건조기를 사용해도 된다).

(Tip) 오디는 수분이 많고 크기가 작아서 미리 설탕에 재워놓아야 모양이 부서지지 않는다.

간과 신장에 좋은 상심주,
오디막걸리

익어도 연보라색이고 분홍색에 가까운 매실농장의 오디 열매는 크고 까만 개량종 오디보다 달콤하고 향기롭다. 오디를 넣어 막걸리를 빚었다. 건조기에 넣고 말리니 당분 때문에 꼬들꼬들해졌다. 햇볕에 말리니 4~5일 걸렸다.

몇 해 전, 아들 결혼식에 쓸 요량으로 오디막걸리를 큰 항아리에 담갔는데 술이 잘 익어 색도, 맛도 잔치 상차림에 잘 어울렸다. 지리산학교 발효산채요리반을 수강하셨던 분들이 꽃무늬 앞치마를 두르고 도와주어서 마당에서 결혼식과 잔치를 잘 치를 수 있었다. 고마운 마음이 앞치마에 새겨진 한 송이 한 송이 예쁜 꽃과 같았다.

오디가 익으면 발효반 수강생들과 상심주를 담그며
내가 담가둔 오디주를 맛보다가 얼굴이 불콰해져 수다가 끊이지 않던 날도 있었다.
오디로 만든 상심주는 간을 보하고 신장의 기능을 북돋는다고 하니
한 해라도 거르면 몸도 마음도 축이 날 것 같아
해마다 꼭 누룩으로 막걸리를 만든다.
오디주 익어가는 냄새가 참 좋다.

재료

☐ 찹쌀 4kg

☐ 누룩 800g(쌀 양의 1/5)

☐ 물 5L(쌀 양의 1.25배 끓여 식힌 물)

☐ 오디 1kg

만드는 법

1. **용기 소독** 항아리는 팔팔 끓인 물을 붓고 뚜껑을 닫아둔다. 10분 후 물을 버리고 햇볕에 말린다. 일반 용기는 알코올이나 소독용 약으로 닦고 물로 깨끗이 헹군 뒤 물기를 제거한다.

2. **누룩 준비**(법제) 누룩은 밤에 이슬을 맞게 하고 낮엔 햇볕에 말리기를 서너 번 반복하여 잡냄새를 제거한다.

3. **쌀 씻어 불리기** 쌀을 깨끗이 씻어(맑은 물이 나올 때까지) 8시간 이상 불린다. 쌀 표면에 붙어 있는 단백질, 지방, 유기물을 제거해야 깔끔하고 맛있는 술이 된다.

4. **고두밥 찌기** 찜기에 물이 끓기 시작하면 불린 쌀을 오디와 함께 찌다가 중간에 한 번 물 100cc 정도를 뿌려준다(고두밥이 잘 쪄지기 위함). 찌는 시간은 40분에서 1시간 정도 하면 된다.

5. **술 담그기** 분량의 누룩과 물을 넣어 6시간 정도 불린 다음 식힌 고두밥을 넣고 잘 섞어준다. 이때 온도는 25도가 적당하다.

6. **발효 관리** 실내온도 20~25도 유지.

7. **숙성 기간** 여름에는 7~14일, 겨울에는 10~21일 정도 걸린다.
   밥알이 둥둥 떠오르다가 차츰 술독의 위쪽이 맑아지고 지게미가 가라앉으면 발효가 완료된 것이다.

8. **술 거르기** 술이 익으면 용수를 박아 뜨거나 자루에 꼭 짜서 걸러낸다. 걸러낸 원주에 물을 희석하여 이틀 정도 숙성시킨 다음 마신다.

이양주(덧술) 위 과정으로 만든 술을 밑술(주모)이라 하며, 밑술을 담그고 24~48시간 지난 뒤 고두밥을 쪄서 식힌 다음 다시 밑술에 잘 섞어 익힌 것을 덧술이라 한다. 삼양주(3번)까지 하면 깊은 맛의 전통주를 음미할 수 있다.

보리밥과 찰떡궁합인
양파김치

햇양파와 보리밥은 찰떡궁합!

양파 껍질을 벗기며 눈물을 흘렸다.

눈물을 흘리면서 우리는 서로 쳐다보며 웃었다.

"양파김치 맛있게 잘 먹었어요."

"익으니까 맛있던데요."

"라면하고 먹으면 딱이에요."

요리 수업에 오신 분들이 한마디씩 했다.

양파만 다듬어놓으면 양파김치는 만들기가 간단하고 참 쉽다.

익는다는 것, 발효가 된다는 것은 성격과 맛이 변하니 참 숭고하기까지 하다.

재료

☐ 양파 3kg

☐ 액젓 1컵

☐ 매실발효액 1컵

☐ 고춧가루(양념 고춧가루+고운 고춧가루) 100g±20g

☐ 다진 마늘 2T

☐ 다진 생강 1T(또는 생강청 1T)

☐ 부추 1줌

☐ 통깨 1T

풀국 재료

☐ 보리밥 3숟갈

☐ 다시마 우린 물 300g

☐ 청양고추청 1T

만드는 법

1. 양파는 다듬어 깨끗이 씻고 6쪽으로 밑동을 조금 남겨놓고 자른다.

2. 손질해둔 양파에 액젓과 매실발효액을 넣어 1시간 정도 절인다.

3. 부추는 씻어 곱게 썰어놓고 다시마 우린 물에 보리밥을 믹서기에 갈아 풀국을 준비해둔다.

4. 1의 양파 절인 물을 따라내서 그 국물에 고춧가루, 마늘, 생강, 풀국을 넣고 마지막으로 준비해둔
   부추와 통깨를 넣어 양념을 만든다.

5. 절인 양파에 양념을 넣고 버무리면 완성. 통에 담아 상온에서 하루 숙성시킨 후 냉장 보관한다.

들기름 듬뿍 넣고
깻잎구이

"다음 주 요리 수업은 깻잎구이입니다. 준비할 재료는 깻잎, 들기름, 참깨, 밤, 대추, 마늘, 조청입니다."

"깻잎을 구워 먹어요?"

나는 깻잎구이가 참 맛있다. 깻잎김치, 깻잎장아찌, 깻잎찜, 솎은 어린 깻잎나물 등등이 있지만 들기름 듬뿍 넣고 구운 깻잎구이는 옛날 양반가에서 만들어 먹었다고 해서 반가 음식이라 한다. 몇 해 전 한식요리사 전문 과정에서 배웠는데 참 매력적인 요리라 수업시간에 늘 빼놓지 않고 함께 만든다.

"들기름 넣고 깻잎을 구워 먹으니 참 맛있네요."

깻잎을 한 상자 주문해서 가져온 반장 경희 씨가 말했다.

"저는 진짜 '요린이'에요. 김치도 안 담가봤어요."

미경 씨는 경기도 화성에서 매주 요리 수업을 수강하러 오는데 요리반에서 막내이고 늘 웃는 모습이 참 예쁘다. 김장김치를 처음 담가본다고 했다. 그렇게 1년을 수업에 빠지지 않고 실습을 하니 요린이가 요리를 조금 아는 어른이 되어가고 있었다. 봄나물 장아찌부터 몇 가지 김치와 고추장까지 함께 만들었으니 보람을 느끼는 순간이었다.

재료

☐ 깻잎 30장

☐ 밤 3개

☐ 대추 3개

☐ 들기름 넉넉히

양념장

☐ 간장 2T

☐ 다시물 2T

☐ 조청 2T

☐ 고춧가루 1T

☐ 들기름 2T

☐ 깨소금 1T

만드는 법

1. 깻잎을 깨끗이 씻어 물기를 뺀다.

2. 밤은 껍질을 벗겨 채를 썬다. 대추는 돌려깎기를 해서 씨를 뺀 후 곱게 채 썬다.

3. 양념장을 만든 다음 밤, 대추를 넣어 섞는다.

4. 깻잎에 양념장을 조금씩 발라 5장씩 둔다.

5. 팬에 들기름을 두르고 5장씩 넣어 살짝 굽는다.

매실의 환상적인 변신,
매실퓌레

매실이 익어가는 6월.

이때가 아니면 만들 수 없는 매실퓌레.

향과 맛에 반해 약간 설레기까지 한다.

남편이 농사짓는 남고매실이 익으면 복숭아 향이 나면서 예쁘기까지 하다. 나는 늘 연구를 하게 된다. 어떻게 가공을 해볼까? 향을 가둬볼까? 어떻게 저장할까?

매실발효액은 간단하게 만들 수 있지만 과육은 버려야 하니 아깝고, 장아찌도 나쁘지는 않지만 완숙 매실로 하기엔 물러질 것 같고, 매실잼은 오뉴월에 끓이고 졸여야 완성되니 번거로운 과정에 비해 결과물은 만족도가 낮다. 앞으로 매실농장의 수확량은 늘어날 텐데 고민이 깊어진다.

잘 익은 과육만으로 만들어보기로 했다. 매실 씨를 빼고 과육을 믹서기에 듬성듬성 갈아서 설탕을 섞어 숙성시켰더니 복숭아 향이 가득하면서 완숙 매실의 황금색도 그대로 유지되었다. 매실 향을 가두면서 저장할 수 있는 최고의 방법은 매실퓌레였다.

당장 매실퓌레 만들기를 발효산채요리반 수업 레시피에 넣었다. 좋은 요리는 함께 나눠야~. 그렇게 매실퓌레 만드는 수업을 한 지 벌써 여러 해가 되었다.

매실 익어가는 6월이 오면 이미 지리산학교 발효산채요리반을 졸업한 수강생들이 연락을 해온다.

"선생님, 매실퓌레 만들기 올해도 특강해요."

매실퓌레를 너무 좋아하기도 하지만 지인들에게 선물하고 싶어서일 것이다.

재료

□ 완숙 매실 5kg

□ 백설탕 5kg

만드는 법

1. 잘 익은 매실을 씻어 물기를 뺀다.

2. 손질해둔 매실을 칼로 과육과 씨를 분리한다.

3. 과육만 믹서기에 듬성듬성 갈아 설탕을 넣고 잘 섞은 뒤 입구가 작은 통에 담는다.

   과육이 뜨지 않게 하루에 두세 번 저어준다. 잘 저어서 실온에 하루나 이틀 정도 두었다가 저온 숙성시킨다.

4. 2~3개월 이상 숙성되면 여러 가지 요리에 활용할 수 있다(샐러드드레싱, 매실요거트, 음료, 비빔국수 소스).

(Tip) 완숙 매실로 만들어야 향이 더 좋다.

쫄깃함에 놀라는
목이버섯피클

"1년 동안 널 위해 모은 거야."

지금은 퇴직한 안 선생님이 학교에서 근무할 때 집안 형편이 어려운 학생에게 학비를 건네주며 한 말이다.

진주문고 여태훈 대표님의 차실에서 차를 대접받던 날이었다. 차를 마시다 보니 등에 땀이 흐르고 피곤이 노곤하게 녹아내릴 즈음 여태훈 대표님이 안 선생님의 이야기를 들려주었다. 따뜻한 차만큼이나 따끈하고 가슴 뭉클한 이야기였다. 차실에서 나오니 촉촉한 비가 내리고 있었다.

'오직 너를 위해 1년 동안 돈을 모았어.'

안 선생님의 그 마음을 만지고 싶었다.

집에 돌아와서 목이버섯피클을 준비해보기로 했다.

"안 선생님을 위해 목이버섯피클을 만들었어요."

목이버섯은 성질이 평하고 온순해서 소스나 부재료와 모나지 않게 잘 어울린다. 잡채에만 넣는 건 줄 알았는데 피클이라니! 수강생들은 그 쫄깃함에 놀라고 피클에 놀란다.

재료

□ 말린 목이버섯 50g

□ 파프리카(빨간색, 노란색, 주황색) 각 1개

□ 양파 1개

□ 청양고추 1~2줌(기호에 따라 가감)

□ 매실발효액 400ml

□ 물 400ml

□ 다시마식초 200ml

□ 통후추 1t

□ 소금 1T

□ 월계수 잎 2장

□ 계피(손가락 크기) 1조각

만드는 법

1. 말린 목이버섯은 살짝 씻어서 물기를 빼둔다.

2. 파프리카, 청양고추, 양파는 먹기 좋은 크기로 깍둑깍둑 썰어둔다.

3. 피클소스를 준비한다. 물, 매실발효액, 다시마식초, 통후추, 소금, 월계수 잎, 계피 등을 넣고 팔팔 끓인다.

4. 목이버섯과 2의 재료 위에 뜨거운 피클소스를 그대로 붓는다.

5. 식으면 냉장 보관하여 바로 먹을 수 있다.

입맛 없을 땐
매실김치

그녀는 한국인이고 남편은 일본인이다. 부부가 숙박하러 오셨다. 마침 우메보시 만드는 공부를 하고 있는 중이어서 차를 마시며 "일본에서는 매실김치를 어떻게 만드나요?"라고 물었다. 그녀는 매우 친절하게 알려주었다. 남편이 무척 좋아해서 매해 만든다고 했다. 우메보시가 익으면 조금씩 밥 위에 올려 먹고 과육을 다 먹고 나면 매실 씨를 망치로 깨서 그 속에 든 속씨까지 다 먹는다고 했다.

메모를 해두었다가 매실이 익을 무렵 그녀가 알려준 대로 우메보시를 만들어보니 너무 시고 짜서 내 입맛에는 맞지 않았다. 매실발효액이나 매실장아찌를 먹다 보니 매실의 단맛에 익숙해서 그런 듯했다. 설탕을 약간 넣어 만들었더니 덜 시고 덜 짠 매실김치가 되었다.

우리 집 텃밭에 조금 자라고 있던 자소엽과 귀촌 초보 명순 샘 집 텃밭에 있는 자소엽을 따왔다. 조물조물 붉은색이 나게 하여 절여서 꾸덕꾸덕하게 말린 매실과 섞으니 매실 속살까지 분홍으로 물들었다.

자소엽은 향이 강해서 다소 거부감을 주기도 하는데 익으니 향긋한 맛으로 바뀌었다. 여름에 기운이 축나고 입맛이 없을 때 쌀밥 한 그릇에 매실김치 한 알 꺼내어 조금씩 올려 먹으면 침샘이 솟구치며 입맛이 도는 반전 매력이 있다.

재료

☐ 홍매실(완숙 매실) 10kg

☐ 천일염 1kg

☐ 설탕 500g

☐ 자소엽 1kg

☐ 증류주 200ml 또는 소주 200ml

만드는 법

1. 깨끗이 씻은 매실을 소금, 설탕, 증류주를 넣고 7일 동안 절인다. 매실이 잘 절여지도록 누름돌로
   꼭 눌러놓는다. 매실이 절여지면 건져서 매실절임액, 즉 매초액은 따로 보관해둔다.

2. 매실이 절여지면 자소엽은 씻어서 물기를 뺀 뒤, 숨죽을 정도로 소금으로 잠시 절인 뒤 씻어서 꼭
   짜둔다.

3. 짜둔 자소엽은 빨래하듯이 치대면서 매초액을 넣어 보라색 색소가 나오도록 주무른다.

4. 매실을 병에 담고 치댄 자소엽과 매초액을 섞어 꼭 눌러 한 달 동안 놓아둔다.

5. 날씨가 좋은 날 6일 동안은 낮에 말리고 밤엔 매초액에 넣어둔다. 말릴 때 차조기(자소엽) 잎도 함께
   넣어 말려놓는다.

6. 6일간의 널기가 끝나면 통에 담아 차조기(자소엽) 잎을 덮어 저장한다. 이때부터 먹을 수 있다.
   자소엽도 함께 먹는다.

(Tip) 매실절임액을 따로 보관하여 요리할 때 쓰거나 물에 희석해서 음료로 마실 수 있다.

단순하게
매실퓌레된장소스채소구이

매실퓌레에 된장 조금 섞고

고소한 참깨를 찧어서 넣고

들기름 듬뿍 넣어 맛있는 소스를 만들었으니

집에 있는 재료를 찾아 오븐에 굽기!

겨울을 난 텃밭에서 뽑아온 대파 대여섯 뿌리,

친구 미심이가 보내준 양파 한 개,

명우 씨 친구가 농사지은 파프리카 두 개와 가지 한 개,

이웃 농부님들이 농사한 자색고구마,

귀촌한 남해소쿠리 님이 준 단호박 한 통,

호박 한 개, 방울토마토 한 줌, 마늘 두 통,

그리고 표고버섯 세 개를 구워

매실퓌레된장소스를 듬뿍 얹었다.

예쁜 딸과 박 팀장과 남편과 함께 냠냠.

집에 있는 재료들을 돋보이게 하는

최고로 단순한 요리.

매실퓌레된장소스채소구이

재료

☐ 대파 6뿌리　　　　　　☐ 단호박 1개

☐ 양파 1개　　　　　　　☐ 애호박 1개

☐ 파프리카 2개　　　　　☐ 방울토마토 1줌

☐ 가지 1개　　　　　　　☐ 통마늘 2통

☐ 고구마 1개　　　　　　☐ 표고버섯 2~3개

소스

☐ 매실퓌레 10T　　　　　☐ 절구에 찧은 참깨 3T

☐ 된장 1T　　　　　　　☐ 들기름 2T

만드는 법

1. 재료 손질하기

　◦ 대파는 겉껍질을 벗기고 씻어서 반으로 잘라둔다.

　◦ 양파는 껍질을 벗기고 씻어서 8등분으로 잘라서 놓는다.

　◦ 파프리카와 단호박은 씻어서 먹기 좋은 크기로 자른 후 씨를 제거한다.

　◦ 고구마, 표고버섯, 방울토마토는 씻어서 통으로 쓴다.

　◦ 가지와 애호박은 절반 잘라서 사용한다.

2. 위의 재료들을 오븐 팬에 보기 좋게 올려 190도에 25분간 굽는다.

3. 소스 만들기

　매실퓌레와 된장, 절구에 찧은 참깨, 들기름을 넣고 섞는다.

4. 2의 구운 재료를 예쁘게 담아 3의 소스를 얌전히 끼얹는다.

(Tip) 집에 있는 자투리 채소를 사용하면 제로웨이스트!

먹으면 뚝심이 생겨요!
상추김치

친구 선희가 봄에 챙겨준 상추 모종.
보들보들, 하암하암 싸먹어도 자라는 상추.
드디어 키가 자라고 상추에도 대가 생겼다.

감자를 갈아 풀을 쑤고,
텃밭에 가서 풋고추를 따고,
양파와 함께 갈아
상추김치를 담근다.

풋풋하게 풋고추 갈아 넣어 한 통 담그고,
불그레하게 홍고추 섞어 넣어 한 통 담근다.

익으면 뚝뚝! 상추대 깨 먹는 소리가
살짝 통쾌한 느낌을 준다.
국수 삶아 말아 먹으면 참 요란한 식사 한 끼 한 듯하고
없던 뚝심이 생겨난 듯하다.

재료

☐ 불뚝상추 1.5kg

☐ 감자 2개

☐ 양파 2개

☐ 마늘 2통

☐ 풋고추 400g(홍고추와 섞어도 된다)

☐ 상추절임물: 물 2.5L, 소금 200g

육수 재료

☐ 다시마 40g에 물 2L

☐ 멸치액젓 200ml

☐ 생강청 2T

☐ 매실발효액 200ml

☐ 감자풀 2L

만드는 법

1. 뚝뚝 따온 상추를 씻어서 소금물에 30분 정도 절인 다음 그대로 건진다.

2. 다시마 국물에 감자를 갈아서 풀을 쑤어 식혀둔다.

3. 마늘과 양파 1개, 풋고추를 갈아서 감자풀과 섞어 멸치액젓으로 간을 한다.

4. 남은 양파 1개는 채를 썰어 절인 상추와 3을 골고루 섞어서 통에 담는다.

(Tip) 익혀서 국수와 말아 먹으면 여름 별미다.

묘한 매력,
자소엽장아찌

씨앗을 뿌렸더니 해마다 텃밭에 붉은 깻잎인 자소엽이 나온다.
그 독특하고 강한 향을 처음에는 반기는 편이 아니었는데
묘하게 매력 있는 자주색이 자꾸 손을 움직이게 한다.
베타카로틴과 각종 비타민이 풍부하고,
막힌 기를 뚫어주어 가슴이 답답할 때나
스트레스로 인한 불면증에 도움이 된다.
삭으면 자소엽 향이 발효되어 먹기에도 나쁘지 않다.
냉장 보관하면 오래 두고 먹을 수 있다.

재료

□ 자소엽 300g

□ 풋고추 1줌

□ 마늘 1줌

□ 매실발효액 1컵

□ 다시마식초 1/2컵

□ 맑은 액젓 1컵

만드는 법

1. 자소엽을 깨끗이 씻어 물기를 빼놓는다.

2. 마늘과 풋고추는 편 썰어 놓는다.

3. 매실발효액과 다시마식초, 액젓을 넣어 바글바글 끓으면 불을 끈다.

4. 위의 3이 한 김 식으면 2를 넣고 자소엽 몇 장씩 나눠 3의 간장소스에 적셔 차곡차곡 통에 담는다.

쌀밥에 비벼 먹는
짭조름한 다슬기장

우리 집 앞 개울에

돌메기가 살고 피라미도 살고 다슬기도 산다.

가끔 해질 녘 개울에 들어가

다슬기를 주워 온다. 해감한 뒤 삶아

다슬기 속살을 바늘로 빼서

간장 넣고 부추, 청양고추 다져넣고

마지막으로 채 썬 마늘과

깨소금 약간, 참기름 두세 방울 넣으면

짭조름한 다슬기장이 완성.

쌀밥에 비벼 별미로 먹으며 여름을 살아낸다.

쓴맛, 짠맛, 다슬기장 맛 같은 삶

맛있게 잘도 살아낸다.

재료

☐ 다슬기 100g

☐ 멸치액젓 3T

☐ 부추 30g

☐ 마늘 4개

☐ 고추 2개

☐ 깨소금 1T

☐ 참기름 1t

만드는 법

1. 부추와 고추는 곱게 다지고, 마늘은 채를 썰어둔다.

2. 깐 다슬기에 액젓을 넣고 1의 재료를 섞어 깨소금과 참기름을 넣는다.

3. 다슬기장 완성!

꽃필 때까지 기다려
부추꽃부각

나는 부추 꽃이 참 좋다.

부추가 자라도 일부러 베지 않고

그대로 두었다가 꽃피기를 기다린다.

드디어 부추 꽃이 폈다.

키 큰 그대로 길게 잘라 차실에 좀 두고 보다가

부각을 만들었다.

재료

☐ 부추 꽃 한 다발

☐ 찹쌀가루 1컵

☐ 육수(다시마 우린 물) 4컵

☐ 밀가루 2T

☐ 소금 약간

☐ 참깨

만드는 법

1. 부추 꽃은 살살 씻어 물기를 빼둔다.

2. 육수에 찹쌀풀을 되직하게 쑤어 식혀둔다.

3. 부추 꽃에 밀가루를 고루 입혀 찹쌀풀을 바르고 참깨를 올린다.

4. 채반에 가지런히 올려서 건조시키고 꾸들꾸들할 때 앞뒤로 뒤집어서 말린다.

금목서 피었으니
그네를 탄다,

가을

곡성에 사시는 푸른 낙타 안태중 선생님께 부탁해 그네를 만들었다. 찻잔을 올려놓을 공간까지 세심하게 배려한 빨간 그네를 금목서나무 옆에 세웠다. 손주에게 주는 선물이라 했지만 가을 초입에 피는 금목서 향을 맡으며 그네를 타고 싶었다. 1년에 단 몇 번만이라도 그런 호사를 누려보고 싶었다. 꽃잎을 따서 잘 말려두었다 시집가는 딸의 속곳에 넣어주었다는 옛사람의 이야기를 들어서일까. 흔들거리는 그네에 앉아서 맡는 금목서 향은 몽환적이다. 그 향을 맡으며 붉은 맨드라미를 바라본다. 수탉의 볏을 닮았다. 잎을 따서 데쳐 묵나물을 만들어야지. 꽃잎은 잘라 청을 만들어야겠다. 괜스레 마음이 바빠진다. 맨드라미청은 별다른 맛이 없지만, 색 하나는 따라올 것이 없을 만큼 진분홍이다. 색을 내야 할 곳에 몇 방울 쓰면 좋아서 해마다 담근다.

입추가 지나면 저녁마다 풀벌레 소리가 더 요란하고 마당엔 보라색 맥문동 꽃이 핀다. 난처럼 생긴 잎에 녹색 열매가 달렸다가 점차 검은색으로 짙어지면 흑진주처럼 영롱하다. 그때쯤 첫서리가 내리고 농장에 있는 감을 따서 깎아 곶감을 만든다. 많은 양이 아니라서 그네 지붕 아래 매달아 말리면 얼마나 운치가 있는지. 가을꽃이 하나둘 지고 나면 어딘가 쓸쓸해지는 마당인데, 흔들리는 그네에서 바람에 말라가는 곶감을 바라보면 그나마 위안이 된다. 오가며 눈인사를 건넨다. 바람과 햇볕과 그늘이 잘 어우러져 만들어진 곶감은 사람과 자연의 합작품. 하얀 분이 꽃처럼 피면 그 곶감으로 단지를 만들어 다식을 준비해야지.

겨울을 나기 위해서 준비하는 또 하나는 잣장아찌다. 고깔을 벗겨 손질한 황잣을 쪄서 고추장에 버무리면 맛있는 잣장아찌가 된다. 한 숟갈씩 먹으면 추운 겨울을 거뜬히 견뎌낼 힘을 몸에 가두는 느낌이 든다. 이때쯤 요리 수업을 듣는 학생들은 고추장을 만들자고 조른다. 전통 방법으로 담그기도 하지만, 각종 발효액을 첨가해서 만드는 즉석 고추장이 인기다. 각자 집에 있는 여러 가지 발효액을 가지고 와서 맛있는 고추장을 만드는 날에는 밥을 한 솥 해서 큰 양푼에 비벼 함께 먹는다. 1박2일 수업이라 마치고 나면 피아골로 단풍 구경을 가기도 한다. 단풍도 붉고 물도 붉고 사람도 붉으니 삼홍소라 하는데, 우리는 거기에 고추장까지 붉으니 시절 사홍소라 부르며 웃는다. 금목서 향으로 시작한 가을은 회남재 숲길의 고운 단풍과 함께 익어간다.

가을학기 첫 수업,
알배기배추단호박백김치

신혼 시절 시부모님과 함께 살 때, 식사를 차리는 일에 최선을 다했다. 더운 여름에 열무김치를 담가 먹다가 가끔 백김치를 만들었다. 콩국수와 함께 먹으면 열무김치하고 먹을 때보다 담백하고 더 잘 어울리는 것 같았다. 콩물과 백김치가 어울리니 콩물을 넣고 백김치를 담가도 될 것 같았다.

노란 메주콩을 삶아 곱게 갈아 넣었더니 맛이 고소하고 담백하니 좋았다. 그렇게 가끔 콩물로 백김치를 만들어 먹다가 호박죽을 먹을 때도 백김치와 곁들여 먹었다. 단호박 넣고 물김치! 환상의 조합이었다. 단호박을 삶아 곱게 갈아서 국물을 만들고 작지만 야무지게 속이 꽉 찬 알배기배추를 절여 먹기 좋은 크기로 잘라 섞으니 빈틈없는 담백함이 참 맘에 들었다.

가을학기 첫 수업은 부드럽고 달달하고 마음을 위로해줄 것 같은 요리로 시작했다. 물김치 만들 때 찹쌀풀 대신 감자풀을 쑤어 넣어도 좋지만 단호박을 삶아서 국물을 만들어 일명 알배기배추단호박백김치를 담그기로 했다. 수강생들은 저마다 한마디씩 한다.

"단호박으로 죽을 끓이는 게 아니라 백김치를 만든다고요?"

모두들 수업 중에 만들어 가져간 단호박백김치를 이틀 만에 다 먹었다고 했다.

다섯 가지 색이 어우러져 눈으로 먼저 맛을 보고

노란 국물 한입 떠서 먹으니

마음을 감싸주는 맛에 기분이 참 좋다.

위로가 절실한 이에게 주고 싶은 맛이다.

소월 진달래 같은 그녀에게 보내면 되겠다.

이 메뉴를 선택한 것도 그녀에게 보내고 싶어서였다.

엿기름 듬뿍 넣어서 식혜도 만들었다.

단호박을 삶아 곱게 갈아서 끓이니

색이 참 곱고 꽉 찬 느낌.

그녀를 닮았다.

아픈 그녀가 좋아지길 바라는 간절한 마음을 담아서.

"국물을 한 방울도 남김없이 맛있게 잘 먹었어요. 식혜도 숟가락으로 떠먹는다는 걸 처음 알았네요. 늘 음료로 마시기만 했는데, 밥 먹고 난 뒤 잘 먹었어요."

걸쭉한 단호박식혜를 숟가락으로 떠서 먹었다며 투병 중이던 소월 님 목소리가 맑고 밝았다.

알배기배추
단호박백김치

재료

□ 알배추 1통(700~800g)

□ 무 1/2개

□ 홍고추·청고추·가지고추 각각 5개

□ 마늘 10톨(50g 정도)

□ 양파(작은 것) 1개

□ 배(중간 크기) 1개

□ 쪽파 5대

□ 단호박(작은 것) 1개

□ 생강 1톨(혹은 생강청 1T)

□ 다시마국물 3컵

□ 소금 1T

□ 맑은 액젓 2T

□ 고운 고춧가루 1T

만드는 법

1. 알배추는 밑동을 잘라서 한 잎 한 잎 떼어내 씻는다. 잎이 크면 길게 자른다.

2. 생수 1L에 소금 반 컵 정도 넣은 소금물에 배추를 절인다. 30~40분 후에 건져놓는다.

3. 단호박은 씨와 껍질을 제거하고 물 2컵을 부어 익힌 다음 믹서기로 곱게 갈아둔다. 고춧가루는 미리 물에 불려두고 곱게 거른다.

4. 쪽파는 3~4cm 크기로 잘라두고, 홍고추와 청고추는 반을 갈라 씨를 뺀다. 무는 쪽파와 같은 크기로 채 썰어둔다.

5. 양파 절반은 예쁘게 채 썰고 절반은 배와 함께 갈아 걸러서 즙만 사용한다.

6. 곱게 갈아둔 단호박에 다시마 국물과 생강청을 넣고 액젓과 소금으로 간을 하고 준비한 재료를 잘 섞어 절여둔 배추와 버무린다. 통에 담아 냉장 보관한다.

발효차를 넣어 풍미가 좋은
달빛차식혜

이곳 지리산 자락 부춘리에 정착하고 평사리 최 참판댁 올라가는 길목에서 잠시 장사를 한 적이 있다.

어느 날, 중학교 때 전교 1등 하던 친구가 올라오고 있어 나는 얼른 숨었다. 나도 우등생이었는데 그 친구는 놀러 오고, 나는 어쩌다 장사를 하고 있는 모습이라니. 마주치고 싶지 않아서 그 친구가 최 참판댁 구경을 다 하고 내려갈 때까지 숨어 있다가 내려가는 걸 보고서야 식혜를 팔고 뻥튀기를 팔았다. 내가 만든 식혜 맛에 자신이 있어 시작한 장사였는데 농가 살림에 든든한 보탬이 될 정도로 제법 장사가 잘되었다.

어렸을 때 감기가 들면 엄마는 "잭살 끼리(끓여)줘야겠네"라며 차를 뜨겁게 끓여 설탕이나 꿀을 타 주셨다. 잭살은 발효차인 홍차를 말하는데 '작설'의 경상도 발음이다. 그 '뜨거운 감기약'을 마시고 이불 뒤집어쓰고 한숨 푹 자고, 땀 흘리고 나면 희한하게 감기가 나았다. 향긋한 듯 씁쓸하게 달큼했던 그 맛이 어렴풋이 생각나곤 했다. 그때 마셨던 잭살 물을 식혜에 넣으면 맛있겠다는 생각이 들었다. 만들어서 먹어 보니 어릴 때 감기약으로 마셨던 것보다 열 배 이상 향긋하고 맛이 좋았다. 엿기름을 넣고 만든 식혜와 섞이니 씁쓸한 맛은 없어지고 풍미는 더 진하고 은은한 단맛이 식혜 카페를 하면 대박 날 것 같았다.

재료

☐ 발효차 30g

☐ 물 1L(차 우리는 용도)

☐ 멥쌀 800g

☐ 엿기름 300g

☐ 물 4L(엿기름 물 용도)

만드는 법

1. 발효차는 끓여서 준비해둔다.

2. 엿기름을 자루에 넣고 물에 20~30분 불린 후 주물러서 엿기름 물을 걸러낸다.

3. 멥쌀을 깨끗이 씻어서 20~30분 불렸다가 고두밥을 짓는다.

4. 3의 고두밥에 거른 엿기름의 앙금이 가라앉으면 맑은 윗물만 사용한다.

5. 보온 상태로 6~8시간 정도 삭힌다.

6. 밥알이 삭아서 뜨면 끓여둔 발효차를 넣어 펄펄 끓인다. 기호에 따라 적당량의 설탕을 넣는다.

(Tip) 녹차를 우려 식혜를 만들었으나 섞어도 어우러지지 않아 맛이 어색했다. 발효차여만 맛있다.

달빛쑥차식혜

재료

☐ 달빛쑥차 30g

☐ 물 1L(차 우리는 용도)

☐ 멥쌀 800g

☐ 엿기름 300g

☐ 물 4L(엿기름 물 용도)

만드는 법

1. 달빛쑥차를 끓여서 준비해둔다.

2. 엿기름을 자루에 넣어 물에 20~30분 불린 후 주물러서 엿기름 물을 걸러낸다.

3. 멥쌀을 깨끗이 씻어서 20~30분 불렸다가 고두밥을 짓는다.

4. 3의 고두밥에 거른 엿기름의 앙금이 가라앉으면 맑은 윗물만 사용한다.

5. 보온 상태로 6~8시간 정도 삭힌다.

6. 밥알이 삭아서 뜨면 끓여둔 달빛쑥차를 넣어 펄펄 끓인다. 기호에 따라 적당량의 설탕을 넣는다.

밥알을 싫어하는 이라면
단호박식혜

단호박을 쪄서 곱게 갈아 넣고 만든 단호박식혜는

밥알이 맛있어서 밥알을 싫어하는 사람도 좋아하는 맛이다.

끓일 때 생강청이나 생강 한두 조각 넣으면 더 깊은 맛이 난다.

재료

☐ 단호박 300g   ☐ 엿기름 250g   ☐ 물 5L

☐ 쌀 700g   ☐ 생강청 100g

만드는 법

1. 단호박은 껍질을 벗기고 씨를 뺀 후 쪄서 곱게 갈아둔다.

2. 엿기름을 자루에 넣어 물에 20~30분 불린 후 주물러서 엿기름 물을 걸러낸다.

3. 쌀을 깨끗이 씻어서 20~30분 불렸다가 고두밥을 짓는다.

4. 3의 고두밥에 2의 엿기름 물을 넣고 보온 상태로 6~8시간 정도 둔다.

5. 밥알이 삭아서 뜨면 갈아둔 단호박을 넣고 펄펄 끓인다. 기호에 따라 적당량의 설탕을 넣는다.

Tip) 생강이나 생강청을 약간 넣으면 더 깊은 맛의 식혜가 된다.

식혜 카페를 차려볼까요,
다양한 식혜들

내가 개발한 여러 가지 식혜 맛에 반한 남편은

식혜 카페를 해보자고 조른 적도 있었다.

나도 어느 날은 '이 정도 맛이면 해볼까?' 하고 흔들린 적이 있었다.

그 레시피를 아낌없이 나누고자 한다.

자색고구마를 넣은 식혜와 당근식혜는 색이 고와서 눈이 먼저 반하고,

팥식혜와 녹두식혜는 허한 마음을 채워줄 것처럼 한 그릇만 먹어도 든든하다.

우슬을 넣어 만든 식혜는 몸이 맑아지는 느낌이 든다.

자색고구마식혜

재료

□ 쌀 500g

□ 엿기름 200g

□ 고구마 2개(400g)

□ 물 3L

만드는 법

1. 자색고구마를 깨끗이 씻어 찌거나 삶아서 믹서기로 곱게 갈아둔다.

2. 엿기름을 자루에 넣어 물에 20~30분 불린 후 주물러서 엿기름 물을 걸러낸다.

3. 쌀을 깨끗이 씻어서 20~30분 불렸다가 고두밥을 짓는다.

4. 3의 고두밥에 2의 엿기름 물을 넣고 보온 상태로 6~8시간 정도 둔다.

5. 밥알이 삭아서 뜨면 갈아둔 1을 넣어 펄펄 끓인다. 기호에 따라 적당량의 설탕을 넣는다.

재료

☐ 당근 200g

☐ 쌀 600g

☐ 엿기름 250g

☐ 물 4.5L

만드는 법

1. 당근을 깨끗이 씻어 삶아서 믹서기로 곱게 갈아둔다.

2. 엿기름을 자루에 넣어 물에 20~30분 불린 후 주물러서 엿기름 물을 걸러낸다.

3. 쌀을 깨끗이 씻어서 20~30분 불렸다가 고두밥을 짓는다.

4. 3의 고두밥에 2의 엿기름 물을 넣고 보온 상태로 6~8시간 정도 둔다.

5. 밥알이 삭아서 뜨면 갈아둔 1을 넣어 펄펄 끓인다. 기호에 따라 적당량의 설탕을 넣는다.

재료

☐ 팥 150g(삶으면 2배 중량)

☐ 쌀 500g

☐ 엿기름 250g

☐ 물 5L

만드는 법

1. 팥을 깨끗이 씻어 불린 뒤 이물질을 골라내고 푹 삶아서 믹서기로 곱게 갈아둔다.

2. 엿기름을 자루에 넣어 물에 20~30분 불린 후 주물러서 엿기름 물을 걸러낸다.

3. 쌀을 깨끗이 씻어서 20~30분 불렸다가 고두밥을 짓는다.

4. 3의 고두밥에 거른 엿기름을 넣고 보온 상태로 6~8시간 정도 둔다.

5. 밥알이 삭아서 뜨면 갈아둔 팥물을 함께 넣어 펄펄 끓인다. 기호에 따라 적당량의 설탕을 넣는다.

(Tip) 생강이나 생강청을 약간 넣으면 더 깊은 맛의 식혜가 된다.

재료

□ 녹두 200g

□ 쌀 700g

□ 엿기름 250g

□ 물 5L

만드는 법

1. 녹두는 깨끗이 씻어 불린 뒤 이물질을 골라내고 푹 삶아서 믹서기로 곱게 갈아둔다.

2. 엿기름을 자루에 넣어 물에 20~30분 불린 후 주물러서 엿기름 물을 걸러낸다.

3. 쌀을 깨끗이 씻어서 20~30분 불렸다가 고두밥을 짓는다.

4. 3의 고두밥에 2의 엿기름 물을 넣고 보온 상태로 6~8시간 정도 둔다.

5. 밥알이 삭아서 뜨면 갈아둔 녹두를 함께 넣어 펄펄 끓인다. 기호에 따라 적당량의 설탕을 넣는다.

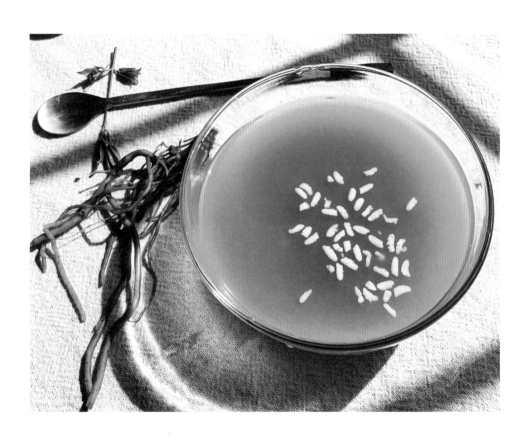

재료

☐ 건조 우슬 50g

☐ 물 2L 넣고 다림

☐ 멥쌀 500g

☐ 엿기름 200g

☐ 물 3L

만드는 법

1. 우슬을 푹 끓여서 우슬 물을 준비해둔다.

2. 엿기름을 자루에 넣어 물에 20~30분 불린 후 주물러서 엿기름 물을 걸러낸다.

3. 멥쌀을 깨끗이 씻어서 20~30분 불렸다가 고두밥을 짓는다.

4. 3의 고두밥에 넣고 1의 우슬 물과 2의 엿기름 물을 넣는다.

5. 보온 상태로 6~8시간 정도 삭힌다.

6. 밥알이 뜨고 삭으면 팔팔 끓인다. 기호에 따라 적당량의 설탕을 넣는다.

산에서 자란 야생버섯 향을 가두는 방법, 버섯조청

어느 가을날, 뒷산에 올랐던 그가 툭 던져주고 가면서 말했다.

"참기름에 찍어 먹으면 참 맛있소."

송이버섯이다. 참기름 찍어 먹으니 참 고소하다.

그가 또 언제 지나가려나 기대하고 있는데 이틀 뒤 차실 문 앞에 솔 이파리가 붙은 송이버섯이 서너 개 놓여 있다. 그 뒤로도 두세 송이씩 서너 번 그가 던져놓고 간 송이버섯을 모아 조청을 해야겠다고 생각했다. 쌀을 씻어 불려 밥을 하고 발효산채요리반을 졸업한 아랫마을 희남 샘이 준 엿기름을 걸러 다 된 쌀밥에 넣어 하룻밤 삭혔다.

30인용 전기밥솥 가득했다. 밥알이 잘 삭았다. 베 보자기에 꼭 짜서 엿기름 물을 몇 시간을 끓여야 하니 맨드라미가 보이는 마당 앞 차실 밖에서 밥솥 뚜껑을 열어둔 상태로 취사를 눌렀다.

4시간 정도 끓이니 자잘한 기포가 생겼다. 잠시 보온으로 눌러두고, 다져놓은 송이버섯을 넣어 다시 취사를 눌렀다. 20분 정도 지나자 먹음직스럽고 갈색 윤이 나는 걸쭉한 조청이 완성되었다.

한 송이 남겨두었던 송이버섯을 모양을 살려 얇게 잘라 넣으니 송이버섯조청이 탄생했다.

조청이 뚜욱~뚝! 떨어지는 소리와 솔 향에 순한 단맛이 입안에 착 감기는 맛!

송이버섯으로 조청을 만드니 향으로 치면 최고인 능이버섯을 달달한 조청에 가두었다.

가을이면 송이버섯을 따는 지인에게 부탁해서 능이버섯을 구입해 숙회로 먹거나

반건조시켜서 냉동 보관했다가 아껴 요긴하게 사용했다.

엿기름을 물에 담가 불리고 쌀밥을 지어서 함께 전기밥솥에 보온으로 하룻밤 두니

쌀밥이 삭아서 달달한 단술(식혜)이 되었다.

식혜를 자루에 넣어 짜서 건더기는 버리고 단물만 끓인다.

보글보글 자잘한 거품이 생기기 시작하면 다져놓은 능이버섯을 넣어

몽글몽글하게 더 다린다.

제법 중간 크기 꽈리처럼 부풀어 오를 때 불을 끄고 맛을 보니

능이버섯 향이 적당히 좋다.

재료

☐ 찹쌀 3kg

☐ 물 6L

☐ 엿기름 1.2kg

☐ 능이버섯(혹은 송이버섯) 400g

☐ 소금 한 꼬집

만드는 법

1. 엿기름을 물에 담가 불렸다가 걸러낸다.

2. 쌀은 깨끗하게 씻어서 30분 정도 불린 뒤 고슬고슬하게 밥을 짓는다.

3. 2의 밥에 1을 넣고 하룻밤 삭힌다.

4. 3에 다 된 식혜를 자루에 넣어 짠다. 건더기는 버리고 국물만 3~4시간 끓인다.

   (전기밥솥에서 뚜껑을 연 채 취사를 눌러 끓이면 편하다. 가끔 저어준다.)

5. 보글보글 거품이 생기면서 끓기 시작하면 다져놓은 능이버섯(또는 송이버섯)을 넣어서 몽글몽글할

   정도로 30분 정도 더 끓인다.

6. 불을 끄고 적당한 크기의 병(소독 필수)에 담아 보관한다.

짜지 않고 맛있는
수제 육포

어린 손주를 데리고 숙박하러 오신 할머니가 손주 먹이려고 가지고 온 육포를 먹어 보라고 한 조각 주었다. 채식주의자에 가깝게 살아온 나는 육포를, 더더구나 어린이에게 먹인다는 사실에 내심 놀랐지만 주저하다가 조금 떼어 꼭꼭 씹어보았다. 그야말로 육포를 처음 먹어본 것이다.

여행 중 들르는 고속도로 휴게소에서 비싼 육포 가격을 보고 놀랐다. 하나 구입해서 식구들과 먹다 보니 감질났고 너무 달고 짰다. 무엇보다 식품 첨가물 맛에 싫증나서 직접 만들어봐야겠다는 생각이 들었다.

식품 첨가물 대신 자연식품을 활용하여 만들었고 살짝 구워서 먹어보니 이만하면 괜찮다 싶었다. 그래서 발효산채요리 수업 커리큘럼에 넣었다. 발효와 산채 요리에서 벗어나 육포를 만들었더니 다들 좋아했다.

온라인 판매를 하시는 어느 대표님이 수제 육포를 맛보시고 쇼핑몰 품목에 꼭 넣고 싶다고 제안하셨다. 하지만 많은 양을 만들기가 부담스럽고 배송 문제가 쉽지 않을 것 같아 거절했다. 육포를 만들어 가족이나 지인들과 나누어 먹고 지리산학교 발효산채요리반에서 수업한 지 어느덧 10년이 지났다.

재료

☐ 홍두깨살 3kg   ☐ 핏물 제거용 청주 200ml   ☐ 참기름 2T   ☐ 참기름

☐ 양조간장 200ml   ☐ 생강청 1T   ☐ 설탕 100g   ☐ 꿀 약간

☐ 국간장 5T   ☐ 복분자청 3T   ☐ 발효차 우린 물 50ml

소스 재료

☐ 참기름 2T   ☐ 후추 1T   ☐ 오미자청(또는 복분자청) 10T

육수 재료

☐ 물 2컵   ☐ 파 1대   ☐ 월계수 잎 5장   ☐ 마늘 5쪽

☐ 양파 1개   ☐ 통후추 1T   ☐ 정향 2개   ☐ 계피(작은 것) 1조각

☐ 애기 사과 5개   ☐ 감초 2개   ☐ 계피(작은 것) 1조각   ☐ 수제 맛술 120ml

    (또는 사과 1개)

만드는 법

1. 홍두깨살은 깨끗한 행주로 꼭꼭 눌러 핏물을 제거한다. 청주 또는 소주를 넣어 조물조물한 다음 채반에 받쳐 다시 깨끗한 행주나 키친타월로 꼭꼭 눌러 남은 핏물을 제거한다.

2. 육수 재료에 물 2컵을 넣고 1컵 분량이 되도록 끓여 준비해둔다.

3. 2의 육수와 양조간장, 국간장, 맛술, 생강청, 복분자청, 참기름, 설탕, 발효차 우린 물, 참기름, 꿀, 오미자(또는 복분자) 청을 섞어서 소스를 만들어둔다.

4. 고기를 3의 양념에 두어 장씩 주물러 간이 배게 한다(4~5시간 정도).

5. 충분히 소스가 스며들면 채반에 한 장 한 장 펴서 건조기나 햇볕에 말린다.

6. 건조기에서 1시간 정도 지나 반쯤 마르면 육포를 뒤집어 모양을 다듬으면서 말린다. 너무 바짝 말리지 않도록 한다(건조기는 60도에서 2~3시간 정도).

7. 꼬들꼬들 마를 즈음 오미자청, 참기름, 소스를 육포 앞뒤에 붓으로 발라 다시 살짝 말린다.

8. 적당한 크기로 자른 다음 하나씩 포장해 냉동 보관한다. 먹기 전에 참기름을 살짝 발라서 구워 먹으면 더 맛있다.

고소하고 달콤한
코코넛아몬드와 콩

발효와 약선요리 공부를 하던 중 만난 인연들과 함께 우리 집에서 사찰 요리 수업을
받은 적이 있다. 선생님은 주호스님.

부산 진시장 가까운 곳에 계셔서인지 언제나 넉넉하게 그날 요리할 재료를 한가득
싣고 오셨다. 여러 가지 사찰 요리를 배웠는데 다시마식초도 그때 배워 잘 활용하고
있다.

호두와 아몬드에 코코넛오일과 약간의 설탕과 몇 가지 가루를 이용해 색을 입혀 만
든 다식은 참 예쁘고 고급스러웠다. 사그락사그락 달콤하고 고소해서 차 마실 때 다
식으로 누구나 좋아했다.

마당에서 아들 결혼식을 할 때 마른 음식으로 견과류 허니코코넛아몬드가 잔칫상을
빛낼 것 같아서 스님께 재료만 구입해주시길 부탁드렸는데 만들어서 보내주셨다.
잔치에 쓰고도 남아 친척, 이웃들과 나눠 먹었다. 지금도 고마운 마음에 뭉클해진다.

아몬드도 좋지만 콩을 바삭하고 부드럽게 튀겨서 응용해보았다.

구례장에 가서 검정콩과 메주콩을 뻥튀기하여 준비했다. 명순 샘은 귀촌하여 농사한 아로니아를 가공하여 말린 가루를 가져오셨는데, 콩에 입히니 초콜릿색이 되어 귀품 있는 콩으로 변신했다. 악양에서 여러 가지 대용차를 만드는 해옥 씨는 단호박 가루를 가져와서 색을 입혔는데 참 앙증맞고 귀여웠다. 고추장을 담그고 남겨놓은 살짝 매운 고운 고춧가루를 넣었더니 화사한 주홍색 콩이 되었다. 소꿉장난하듯 머리를 맞대고 모두 한 줌씩 골고루 사이좋게 나눠서 콧노래 부르며 각자 집으로 돌아갔다.

먹다가 딱딱해진 콩은 간장, 깨소금, 마늘, 참기름을 넣어 콩장을 만들었다. 콩콩 깨어 먹으니 부드럽고 고소하고 맛났다.

코코넛아몬드와 콩

재료

☐ 아몬드 500g   ☐ 호두 500g   ☐ 튀긴 콩 500g

☐ 물 100ml   ☐ 물 100ml   ☐ 물 100ml

☐ 설탕 5T   ☐ 설탕 4T   ☐ 설탕 4T

☐ 코코넛오일 3T   ☐ 코코넛오일 3T   ☐ 코코넛오일

☐ 소금 약간   ☐ 소금 약간   ☐ 소금 약간

☐ 코코아 가루 2T (울금 가루, 호박 가루,

아로니아 가루, 고운 고춧가루도 사용 가능)

만드는 법

1. 아몬드와 호두는 마른 팬에 볶고, 콩은 뻥튀기를 해둔다.

2. 넓고 두꺼운 팬에 코코넛오일을 녹인 후, 볶아둔 아몬드를 넣어 끓인다.

   분량의 물과 설탕을 넣어 바글바글 끓여서 시럽을 만든다(끓이는 중에 가능하면 휘젓지 않는다).

3. 코코넛오일에 끓인 아몬드를 만들어둔 시럽에 넣고 얌전히 끓이다가 시럽 물이 거의 마르면 불을

   끈다.

4. 3에 코코아 가루나 울금 가루, 호박 가루, 고운 고춧가루, 아로니아 가루(원하는 색의 가루)를 넣어

   고루 섞이게 쉬지 않고 저어준다(분이 날 때까지 5~6분 정도).

5. 식으면 공기가 들어가지 않게 밀봉하여 보관한다.

저절로 행복해지는 간식,
감자부각

식어도 쫀득쫀득 맛난, 속이 노란 감자와 자주색 감자.

어릴 적 하지 무렵에 먹었던 길고 작지만 울퉁불퉁 생긴 자주색과 속이 노란 토종 감자.

막 캐낸 감자는 놋숟가락으로 살살 긁으면 매끈하게 벗겨졌다. 그 감자를 가마솥 밥 위에 올려 쪄 먹었던 일이 생각난다. 감자에는 밥알이 듬성듬성 붙어 있었다. 찬바람이 불 때쯤 껍질을 얌전히 잘 깎아내고 납작납작 얇게 썰어서 데쳐 말렸다가 기름에 살짝 튀긴 엄마표 감자부각도 생각난다.

튀기지 않은 마른 감자를 그냥 먹기도 했다. 나도 엄마가 하셨던 것처럼 아이들에게 감자부각을 만들어주었다. 예쁜 딸이 특히 더 좋아했다.

만드는 데 시간이 걸려도 완성되면 뿌듯하지만 공들인 시간에 비해 금방 줄어들고 헤퍼서 허망하기도 하다.

소백산 자락에서 농사하시는 분이 토종 감자를 판다기에 반가운 마음에 구입했다. 알아보나마나 자주 꽃이 피었겠지. 자주감자 속살이 참말로 곱다.

토종감자 껍질을 벗겨 잘라보니 결이 있었다.

있는 듯 없는 듯 자세히 보니 하늘거리는 아가 숨결 같았다.

'너에게도 결이 있구나.'

얇게 저밀수록 섬세한 결이 보인다.

눈이 달린 반쪽 또는 반에 반쪽의 씨감자가 뿌리를 내리고 자라면서 곱게도 견뎠구나.

그래서 결이 곱구나 싶었다.

얇게 썰어 소금을 약간 넣은 찬물에 1~2시간 담갔다가 여러 번 헹궈 전분을 뺀다. 끓는 물에 약 2~3분 넣어 투명해지면 건져내 물기를 빼서 건조기 판에 한 잎 한 잎 겹치지 않게 펼쳐서 말린다.

58도에서 3시간이면 다 마른다.

어릴 때 먹었던 자주색과 샛노란 감자부각 그 색감 그대로를 보니 반가웠다.

아들 결혼식 때 입었던 한복, 보라색 치마폭 같고 기름에 튀기면 고운 연보라를 유지하니 맘이 놓였다. 샛노랗고 투명한 색감을 보면 마음이 설레기까지 한다.

보고만 있어도 저절로 행복해진다.

보라와 노랑.

바싹 말린 감자를 튀길 때는 180도 정도의 온도에서 반쯤 잠기다가 떠오를 때 건져낸다.

기름 온도가 있어 건져낸 뒤에도 익는 것을 감안해 재빠르게 해야 한다.

간식으로도 매실 와인 안주로도 좋은 감자부각!

가을 김치의 꽃,
솎은무짜박이김치

손바닥만 한 텃밭이지만 9월이면 무씨를 뿌리고 배추 모종을 심었다.

김장하기 전에 무를 솎거나 자란 무 잎을 두세 장씩 뜯어다 소금 간을 하고,

익어서 붉어진 제피 열매를 말리면 까만 씨가 툭 튀어나오는데

씨는 버리고 껍질만 골라 가루를 내서 준비한다.

텃밭에서 딴 약이 오른 풋고추와 익은 홍고추를 듬성듬성 잘라

함께 갈아서 버무려둔다.

하루나 이틀 실온에 두면 살짝 익어서 칼칼하고 알알한데

국물은 시원해서 그렇게 맛있을 수가 없다.

가을이 이런 맛인가!

일명 '솎은무짜박이김치.' 국물이 자박자박하고 김장 무를 솎아 담그기에

그렇게 부른다.

해마다 김장하기 전 가을부터 늦가을까지 담근다.

깊어가는 가을처럼 참말로 맛나게 익은 맛이다.

10월. 발효산채 요리 수업을 하려고 장날에 삭은무짜박이김치 재료를 사러 구례장에 갔다. 현선 샘, 남학생 연준 씨와 함께 장을 돌다가 드디어 아기 주먹만 한 뿌리가 달린 삭은 무를 발견했는데 두 단이 전부였다. 다섯 단이 필요한데… 우선 사두고 다시 필요한 삭은 무를 큰길 방앗간 앞에서 찾았다.

한 단이 먼저 사놓은 두 단보다 훨씬 크고 많았는데 만 원이란다.

"어머나, 두 단 주세요."

삭은 무 단이 크고 무거웠지만 짐을 들어주는 남학생 연준 씨가 있으니 참 편했다. 연준 씨는 서울에서 살다가 혼자 악양으로 귀촌해 대봉감과 산초 농사를 짓고 있다. 요리반에서 만들어간 김치와 장아찌를 보관하기 위해 김치냉장고를 새로 들이고 본인도 먹지만 서울에 있는 가족들에게 보낸다고 했다.

요리 수업에 필요한 양보다 세 배는 많았지만 도란도란 이야기하다 보니 어느새 무를 다 다듬었다. 마당가에 있는 수도에서 무를 씻고 조금 크다 싶은 무 뿌리는 길게 잘라 소금에 절였다. 소금에 절여지는 동안 쪽파를 다듬고 양념을 준비했다. 다시마 우린 물에 찹쌀풀을 쑤어 식혀두고 각자 홍고추 두 줌, 마른 고추 두 줌, 마늘, 생강청, 사과, 양파, 매실청 등 재료를 다지듯이 갈았다. 여기에 멸치액젓, 새우젓 약간 넣고 잘 섞어 맛을 보니 꽤 괜찮았다.

그새 절여진 무는 한 번 뒤집어주고 큰 그릇에 물을 가득 받아서 무를 헹구었다. 잘 절여졌는데 부드러운 잎 부분이 조금 짠 듯했다. 소쿠리에 담은 채로 물을 두세 번 부어서 짠맛이 가시게 했다. 소쿠리에 담은 채로 물을 너무 빼지 않는 게 맛내기 비법이자 '짜박이'라는 이름이 붙여진 이유다.

헹군 물을 버리는데 큰 그릇 밑바닥에 먼지 같은 흙이 조금 보였다.

"이거 흙이 있는데 어떡해요?"라고 문희 씨가 물었다.

"괜찮아요. 씻어 건진 뒤 물을 뿌려서."

"그럼 우리 먹기로 해요?"

허허헝~ 모두 한참 웃다가 발동이 걸려서 '이젠 잊기로 해요~'라는 노래 후렴구를 따라 부르기 시작했다. 그러다가 "우리 먹기로 해요~ 이제 씻기로 해요~ 이제 먹기로 해요~"라며 주거니 받거니 흥얼거리며 한바탕 웃었다.

절이는 건 다 함께 했으나 김치 양념은 각자 만들었다. 같은 레시피인데도 맛은 조금씩 달랐다. 그래도 다들 들뜬 손으로 절인 무에 양념을 설겅설겅 버무려 각자 가져온 통에 담으며 "이제 담기로 해요~"라고 노래를 불렀다. 웃음을 마당에 남기고 각자 한 통씩 들고 집으로 돌아갔다.

저녁에 쌀밥을 지어서 국물이 자박자박한 숨은무짜박이김치와 먹으니 초피 향이 입 안에 퍼지면서 너무 강하지 않고 기분 좋게 적당한 양념이 잘 어우러진 맛에 반했다. 하루 지난 다음 날 살짝 익은 김치에 생들기름을 넣고 비벼 먹으니, 고급스러운 일첩반상이다.

여름 열무김치와는 맛과 격이 조금 다른 이유가 뭘까? 가을바람 맞고 자라서일까?

"맛있는 짜박이김치 정말 배우고 싶었거든요. 김치 담그는 법을 확실히 배우게 돼서 너무 기뻐요."

광양에서 배우러 온 영미 씨가 말했다. 가을 김치는 숨은무짜박이김치가 최고다.

솎은무짜박이김치

재료

□ 솎은 무 1단(3kg 정도)   □ 풋고추 또는 청양고추 1줌   **찹쌀풀 준비**

□ 소금 400g±100g   (기호에 따라)   □ 다시마 1장

□ 마늘 200g   □ 생강 1톨 또는 생강청 1T   □ 물 1L

□ 양파 2개   □ 사과 1/2개   □ 찹쌀 3T(또는 찹쌀밥 반 공기)

□ 마른 고추 1줌   □ 매실액 2~3T

□ 홍고추 1줌   □ 새우젓 2~3T

□ 멸치액젓 2~3T

만드는 법

1. **솎은 무 절이기** 뿌리가 달린 솎은 무는 잘 다듬어 물에 살살 씻는다. 뿌리가 큰 건 먹기 좋은 크기로 잘라놓는다. 다듬은 무에 소금을 고루 뿌려 너무 짜지 않게 절인다. 중간에 한 번 뒤집어준다(간이 고루 잘 배도록). 무가 적당히 절여지면(30~40분) 소금에 절인 그대로 물을 받아 살살 헹궈 건져놓는다. 물기를 너무 빼지 않는다.

2. **찹쌀풀 쑤기** 물 1L에 미리 불린 다시마를 끓이다가 다시마는 건져내고 찹쌀가루를 잘 풀어 쑤어 (약간 걸쭉한 상태) 약간의 소금이나 멸치액젓을 넣고 식혀둔다. 또는 찹쌀밥 반 공기 정도 다시마 물을 넣고 곱게 갈아서 사용한다.

3. **양념 만들기** 마늘은 다지고 홍고추와 풋고추, 마른 고추, 양파 1개, 사과를 갈아서 준비한다. 남은 양파 1개는 채를 썰고 매실액과 생강청을 섞어준다. 기호에 따라 제피 열매를 넣기도 한다.

4. **버무리기**

   준비해둔 풀국에 양념을 고루 섞어 절인 무와 잘 버무린다.

   싱거우면 약간의 멸치액젓, 새우젓으로 간을 맞춘다.

   완성된 김치는 실온에 하루 정도 두었다가 냉장 보관한다.

   익으면 더 맛있다!

깎아놓은
밤톨조림

산길을 내려갑니다.

밤나무 숲길을 지나 모퉁이를 돌면

저 아래 산길로 올라오는 아이가 보입니다.

부지런히 걷는 내 발길 옆으로 알밤이 툭, 툭,

떨어집니다. 어떤 날엔 밤송이채.

하마터면 머리 위로 떨어져 맞을 뻔도 했습니다.

재민이네 매실 밭을 지나면 작은 개울이 있는데

비가 많이 오는 날이면 물이 넘칩니다.

작은 돌로 만든 징검다리가 있지만 평소에는 마른 길입니다.

그 징검다리를 건너고 있는 아이가 보입니다.

나는 집에서 내려가고,

아이는 학교 수업을 마치고 집으로 올라오는 길 중간 즈음

콧잔등에 땀이 송송 맺혀 두 볼이 발그레한 아이와 만났습니다.

책가방을 받아들고 함께 올라오는 길

바로 옆 물가에 물봉선화가 가득 피었습니다.

"엄마, 무슨 꽃이야?"

아이가 묻습니다.

"물봉숭아 꽃"

고깔처럼 생긴 보라색 꽃이 너무 신기하다고 합니다.

나는 산길을 걸어서 학교에 다녀오는 아이가 더 신기하고 오지기만 합니다.

알밤을 몇 알 주워 껍질을 까서 속비늘을 벗기고 생밤을 오독오독 먹다가

군불에 구워 먹기도 합니다. 밤을 쪄서 실컷 먹어도 남아서

자꾸 벌레가 먹기에 벌레 먹은 부분만 떼어내고

속비늘을 벗겨 설탕에 졸여두고 먹었지요.

조청, 꿀 등을 적당히 넣고 졸여서 병조림을 해두었다가 겨울까지 먹곤 했지요.

물봉숭아 피는 가을이면 콧잔등에 땀이 송골송골 맺혀 있던

사랑스러운 아이 마중과 알밤이 나에게 있습니다.

그 아이가 자라서 어른이 되어 결혼을 했습니다.

작년 가을에는 돌 지난 아이 손을 잡고

길옆에 떨어진 알밤을 작은 바구니에 담으니

행복이 가득 가득했습니다.

재료

□ 껍질 벗기고 예쁘게 깐 알밤 500g

□ 설탕 200g

□ 꿀 1T

□ 조청 1T

□ 소금 1t

□ 생수 200g

만드는 법

1. 밤을 끓는 물에 살짝 데친다.

2. 밤이 잠길 정도로 물을 자작하게 부어 삶는다. 이때 거품을 걷어내야 밤 표면이 지저분해지지 않는다.

3. 밤이 익어갈 쯤에 (10~15분 정도) 설탕을 넣어 중불에서 3~5분 정도 졸인다.

4. 설탕이 스며들면 꿀과 조청을 넣고 약불에서 졸인다(10분 정도).

5. 불을 끄고 식으면 다시 한번 약불에 졸인다.

6. 시럽이 자작하게 졸여지고 윤기가 나면 다 된 것이다.

7. 밀폐 용기에 담아 보관한다.

분홍의 극치,
맨드라미청

몇 년 전이었지.

일산에 사시던 이모님이 우리 동네로

시골살이 이사 오시던 그해,

화분을 하나 주셨는데 맨드라미 모종이 깨알만 했다.

여름이 되니 맨드라미 꽃 한 송이가

얼마나 큰지 그 위에 아기를 앉혀도 될 정도였다.

그 후 저절로 나는 게 너무 많아서

솎아내고 또 솎아내도 마당을 붉게 지켜주고

겹겹이 겹쳐진 그 질서가, 붉음이 참 좋았다.

서리 내리기 전 한두 송이 뽑아 차실에 걸어두면

겨울 내내 차실을 밝히기도 하고

방문객들 이야기를 엿듣기도 하던 맨드라미!

여름 어느 날, 활활 타오르는 그 꽃을 꺾어 설탕에 재워두었다.

그야말로 분홍의 극치라고 말하고 싶어

찹쌀에 물들여 분홍 부각을 만들고

오미자차에 두세 방울 섞으면 감쪽같이 진한 오미자차라고 하지만

세 방울 이상 섞으면 분홍 물감을 풀어놓은 것 같기도 했다.

고추장에 섞으면 더 고운 색의 초고추장이 만들어지니 얼마나 좋아.

분홍을 좋아하는 사람과 차를 나눌까?

그 겨울 이야기를 풀어놓고 갔던 사람을 부를까?

그 분홍이 괜히 궁금하게 만든다.

recipe
맨드라미청

재료

□ 맨드라미 꽃

□ 설탕

만드는 법

1. 맨드라미꽃을 따서 씻은 뒤 동량의 설탕을 버무려 꼭꼭 눌러 담는다.

2. 3개월이 지나면 필요한 만큼 덜어 쓴다.

야무지게 맛있는
쪽파김치

"파가 좀 시들었네요."

"물에 씻으면 살아나요."

구례장날 부자방앗간 앞 트럭에서 쪽파를 파시는 분이 그러셨다.

쪽파 여섯 단을 사서 집에 왔다. 가을 앞마당에 핀 구절초와 가을볕을 등에 업고 우리 수강생들과 함께 파를 다듬었다. 구절초 향기가 매운 파 향을 흩어 거둬주었다.

일주일 동안 어떻게 지냈는지 이야기꽃이 핀다.

"파에 뿌리가 있어 다듬어야 한다는 걸 지리산 내려와 시골살이 하면서 처음 알았어요."

"쪽파 씨 한 개 심은 곳에서 여러 뿌리가 생기는 걸 보고 깜짝 놀랐답니다."

"쪽파김치는 짜파게티 끓여 먹을 때 젤 맛있어요."

"맞아요, 맞아."

어느새 파를 다 다듬어 파 줄기 끝을 뜯어냈다.

그대로 두면 파 줄기에 공기가 들어가 풍선처럼 부풀기 때문이다.

지난 가을학기엔 주로 김치 담그기 수업이었다.

김치 종류가 참 많다. 구하기 쉽고 자주 먹을 수 있는 김치를 만들기로 했다.

파를 다듬어 씻은 뒤 물기를 빼고 먼저 멸치액젓으로 파를 절여둔다.

10분이면 충분하다. 파 절인 국물을 따라내어 고춧가루 넣어 개어놓고

마늘, 생강, 사과 반쪽, 양파 반쪽 등을 곱게 다져서 고춧가루에 고루 섞어 양념을
준비해둔다.

다시마 우린 물에 찰밥을 두어 숟갈 갈아 넣어 양념이 서로 잘 어우러지게 한다.

매실발효액과 윤기가 나게 조청도 두어 숟갈 넣는다.

밤 서너 톨 까서 곱게 채 썰고, 당근도 반 개 곱게 채 썰고,

양파도 적당한 두께로 썰어 양념에 버무려 절여놓은 파에 양념을 고루 살살 펴서
바른다.

마지막에 양념된 파 위에 채 썬 밤을 올리고

통깨를 뿌려 가지런히 통에 담는다. 이때 채 썬 밤에도 양념을 묻혀 올린다.

갓 만든 파김치는 약간 매워도 뜨거운 쌀밥에 한 대씩 올려 먹으면 야무지게 맛있다.

재료

☐ 쪽파 1kg
☐ 당근 1/2개
☐ 찹쌀풀 1/2컵

☐ 고춧가루 200g
☐ 밤 5개
☐ 참깨 약간

☐ 마늘 100g
☐ 멸치액젓 150~200g
☐ 생강청 2T

☐ 양파(작은 것) 1개
☐ 새우젓 50~100g
☐ 매실발효액 2T(또는 올리고당 4T)

만드는 법

1. 쪽파를 손질해 씻는다.

2. 당근, 양파를 채 썰어둔다.

3. 1의 쪽파에 액젓 반만 넣고 절인다(10분 정도).

4. 밤을 까서 채 썰어 준비해둔다.

양념 만들기

1. 찹쌀풀에 남은 멸치액젓과 새우젓을 넣고 채 썬 당근, 양파, 고춧가루(1/3은 남겨두고), 마늘(생강청,
   매실발효액, 고추청) 또는 올리고당이나 조청을 넣어 잘 섞어둔다.

2. 1/3 남겨둔 고춧가루를 절인 쪽파 위에 솔솔 뿌려 버무린다.

3. 2에 만들어둔 양념을 넣어 잘 버무려준다. 마지막으로 채 썬 밤과 참깨를 살살 버무린다.

4. 가지런히 통에 담거나 한 번 꺼내 먹기 좋을 만큼 조금씩 묶어서 2~3일 숙성시켜 냉장 보관한다.

(Tip) 찹쌀풀은 다시마 우린 물에 쑨다.

지지 말고 그대로 있어줘요, 꽃부각

그대 그대로 있어주세요.

향기도 보랏빛 그대로

그곳에 있어주세요.

그대에게 레몬 향이 나요.

재료

☐ 꽃향유 잎 1줌

☐ 꽃향유 꽃 1줌

☐ 찹쌀가루 1컵

☐ 육수(다시마 우린 물) 3컵

☐ 밀가루 4T

☐ 소금 약간

만드는 법

1. 꽃향유 잎과 꽃은 깨끗이 씻어 물기를 빼둔다.

2. 육수에 찹쌀풀을 되직하게 쑤어 식혀둔다.

3. 꽃잎과 잎에 밀가루를 살살 입혀서 찹쌀풀을 바르고 참깨를 올린다.

4. 채반에 가지런히 올려서 건조시키고 꾸들꾸들할 때 앞뒤로 뒤집어서 말린다.

(Tip) 색을 내고 싶을 때 맨드라미청을 찹쌀풀에 섞으면 예쁜 분홍색이 된다.

재료

□ 제피 잎 1줌

□ 찹쌀가루 1컵

□ 육수(다시마 우린 물) 3컵

□ 보릿가루 2T

□ 소금 약간

만드는 법

1. 제피 잎은 깨끗이 씻어 물기를 빼둔다.

2. 육수에 찹쌀풀을 되직하게 쑤어 식혀둔다.

3. 제피 잎에 보릿가루를 입혀서 찹쌀풀을 바르고 참깨를 올린다.

4. 채반에 가지런히 올려서 건조시키고 꾸들꾸들할 때 앞뒤로 뒤집어서 말린다.

맨드라미잎부각

맨드라미,
소복하게 활활 타오르는
큰 한 송이 꽃
꼬불꼬불 접고 또 접어
펼치면 섬진강 어느 한 모퉁이 정도 될까.
분홍을 준 너의 잎을 가둬볼게.

온기 넘치는 구수한 맛으로 변신,
꾸지뽕열매차

꾸지뽕나무 열매는 야무지게 생겼다.

과육도 야무지다.

빛깔은 고운데 맛이 참 무덤덤하다.

무덤덤한 맛을 바꾼다는 건 또 참으로 무덤덤한 일일 수 있지만 재미있는 놀이다.

쪄서 말리기를 아홉 번 반복했다.

그냥 찬찬히 기다리며 바쁠 것 없이

찜솥에 쪄서 차실 볕 들어오는 테이블 위에 올려놓는다.

쉬엄쉬엄 꼬들꼬들해지면 다시 찌고.

이렇게 아홉 번 하니 차돌같이 단단하다.

저온에서 열처리 끝덖음 하고 우려내니

무덤덤한 맛이 전혀 새로운,

무한정 온기 넘치는 구수한 맛으로 변했다!

구증구포하고 기다린 덕이다.

재료

☐ 꾸지뽕 열매 1kg

만드는 법

1. 꾸지뽕 열매를 깨끗이 씻어서 물기를 빼고 찜기에 15분 정도 찐다.

2. 1을 바람이 잘 통하는 곳에서 사나흘 정도 건조시킨다.

3. 꾸덕꾸덕 마르면 다시 찜기에 넣어 찌고 말린다.

4. 찌고 말리는 과정을 9회 반복한다. 5회부터는 꾸지뽕이 차돌처럼 단단해지기 시작한다.

5. 마지막으로 약불에서 열처리하여 마무리한다.

함께 물드는

겨울

늦서리를 맞은 구절초와 쑥부쟁이 꽃잎이 힘없이 고개를 숙이면 생강청 만드는 일로 겨울을 시작한다. 생강 껍질을 벗기고 잘 씻어서 간 다음 천에 싸서 즙을 짜낸다. 용기에 담아두면 전분이 가라앉는다. 윗물만 따라 같은 양의 설탕을 넣고 잘 저어 숙성시키면 맑은 생강청이 된다. 겨울 동안 즐겨 마시는 우리 집 음료다. 수시로 손님이 찾아오시기 때문에 찻자리에 내어드릴 다식을 많이 준비하는데, 그중에서도 생강편은 인기가 많다. 얇게 썰어 비트와 생강을 함께 넣고 끓이면, 생강에는 비트의 고운 색이 물들고 비트에는 생강 향이 스며들어 맛있는 다식이 만들어진다. 어우러짐의 미학이다.

생강청을 만들고 나서 생기는 건더기도 버리지 않고 설탕을 넣어 숙성시킨다. 생강 모양으로 만들거나 강낭콩 크기로 빚어 잣가루를 묻히면 고급 다식이 된다. 이른바 생강란이다. 그래도 남는 건 잘 보관했다가 요리할 때 생강처럼 요긴하게 쓴다.

생강청 만드는 일이 끝나면 동치미를 담근다. 텃밭에서 뽑은 무를 씻어놓으면 얼마나 희고 깨끗한지 보는 것만으로도 흐뭇하다. 어디 씻어놓은 무뿐이겠는가. 지난여름, 꽃이 진 다음에 캐서 씻은 뒤 잘 말려두었던 튤립 뿌리도 내게 흐뭇함을 선사한다. 땅을 파고 뿌리를 심으며, 내년 봄에 필 빨강, 노랑, 분홍 등 갖가지 색깔을 상상하는 재미도 크다.

공작단풍 아래에서 수줍게 속살 비치며 꽈리가 겨울 마중을 할 즈음, 수강생들과 김장을 한다. 서로 나누고, 챙겨주고, 수다를 떨다 보면 1년 먹을 김치를 내 손으로 만들었다고, 그 대단한 '김장'을 해냈다고 스스로 대견해한다. 바라보는 눈길에 서로 물드는 유쾌한 시간이 지나면 요리 수업도 방학에 들어간다.

긴 겨울, 눈이라도 오는 날이면 앞산은 얼마나 고요한지. 시간이 멈춘 것 같은 적요함이 찾아들면 오븐에 고구마를 굽고 동치미를 꺼내 먹으며 산중 생활을 즐긴다. 아이들 어릴 때는 겨울이 길기만 하더니 요즘은 겨울도 금방 지나간다. 나이 탓일까. 아이들에게 통밀로 쿠키를 만들어주던 그 시절이 그리울 때가 있는 것을 보면, 세월 흐르는 것이 아쉽기도 하다. 된장을 담그기 위해 콩을 삶고 메주를 만들어 처마 아래 매달면 숙제를 끝낸 것처럼 홀가분하다. 지리산 자락에 함께 사는 나의 꽃과 나무들, 고양이 그리고 가족과 이웃이 있어 따뜻하게 겨울을 보낸다. 다시 꽃필 봄을 기다리며.

겨울 마중,
생강청

몇 해 전 전주에 있는 한 대학에서 한식 요리 수업을 받은 적이 있다.

유명 강사진에게 '강란' 만드는 수업을 받는데

생강을 곱게 갈아서 즙은 버리고 건더기만 사용해서 설탕, 물엿 등을 넣고 끓인 뒤

생강 모양으로 만들어 잣을 버무려 완성시켰다.

그때 생강 건더기만 쓰고 즙은 버리는 것이 죄책감이 들 정도였고 아까웠다.

그 생강즙을 병에 담아 집으로 가져와서 설탕과 꿀을 넣어 잘 저어두었다.

그랬더니 색도 곱고 맛도 훌륭한 생강청이 되었다.

끓이지 않아도 맛있는 생강청을 발견한 것이다!

전분이 병 밑에 가라앉은 걸 볼 수 있는데

이렇게 가라앉은 전분을 분리해 생강청을 만들었다.

생강을 미리 주문해두었다가 수확해서 가져온 그날, 마주한 순간 예쁜 꽃 같았다. 피아골 문희 씨네와 함께 생강 닦달을 했다. 껍질을 깨끗하게 벗겨 기계로 썰었다. 한결 수월하다. 착즙기를 이용하니 너무 느려서 그만두고 믹서기에 물을 조금 넣고 갈아서 천주머니에 꼭 짰다.

생강즙을 하루 두면 전분이 가라앉는다. 그 즙을 따라내면 전분과 생강즙이 분리된다. 전분은 종이호일을 깔아 그 위에 올려 반그늘에서 말려두었다가 전분으로 사용한다. 생선 요리에 활용하면 더 좋다.

생강즙에 같은 양의 설탕을 넣어 잘 저어서 병에 담아두면 여러모로 활용할 수 있다. 겨우내 차로 마시거나 따끈한 우유를 넣어 생강라테로 또는 김치나 식혜 등등의 요리에 아주 요긴한 저장 식품이다.

발효산채요리반 과정을 마치면 '장꼬방'이라는 요리 동아리를 만들었다. 회원으로 등록하고 요리 첫 수업 때, 음식을 한 가지씩 만들어 새로 수강하는 분들을 위해 착한 파티를 열어주었다. 서로 얼굴도 익히고 가끔 특강도 하고 맛있는 것도 먹으러 가고 지리산학교 행사 때 음식을 준비하기도 했다.
장꼬방은 장독대의 경상도 사투리다. 장꼬방 회원들과 천연조미료를 만들어 한때 사업으로 이어갈 뻔할 정도로 반응이 좋았다. 생강청을 만들면 바로 완판된다. 다음 해 주문이 미리 들어올 정도다. 요모조모 쓰임새가 많은 생강청이다.

재료

☐ 생강 1kg

☐ 설탕(생강즙 양과 같은 양)

만드는 법

1. 생강을 깨끗이 씻어 껍질을 벗기고 편 썰기를 한다.

2. 1에 물을 약간만 넣고 믹서기에 곱게 간다.

3. 2를 천주머니에 꼭 짠다.

4. 전분이 가라앉으면 생강즙만 따라낸다.

5. 생강즙과 설탕을 1:1로 넣어서 숙성시킨다.

Tip 생강의 전분은 말려서 생선 요리나 전분이 필요한 요리에 사용한다.

기억력을 향상시켜주는
당근차

예쁜 딸은 어릴 때부터 당근을 싫어했다.

당근이 기억력 향상에 좋다고 해서 먹여보려고 했지만

당근만 쏙쏙 빼내고 먹었다.

아주 잘게 썰어 당근인 듯 아닌 듯 볶음밥에 넣기도 하지만

몰래 먹게 하기는 힘들었다.

성인이 되어도 여전히 당근을 싫어했다.

토담농가에 정식 직원으로 취업한 예쁜 딸에게

숙식 제공은 물론 월급도 꼬박꼬박 송금하는데 당근은 절대 안 먹는다.

차를 만들어 마시게 할 요량으로 시작했다.

제주 당근이 맛나기에 한 상자 구입했다. 흙이 묻은 당근을 씻어 껍질을 벗기고 채 칼로 동글동글 밀어 물이 끓기 시작한 찜솥에 약 2~3분 찌고 식혔다. 동글동글한 당근 한 장 한 장을 서로 닿을 듯 말 듯 펴서 말린다. 건조기에 말리면 꽃잎이 된다. 색이 더 곱다. 마른 당근을 김이 오르는 솥에 다시 찐다. 두 번째는 건조기에 넣지 않고 바람이 잘 통하는 반그늘에서 말린다. 색이 좀 더 선명한 주황색이 된다.

한 번 더 찐다. 그리고 다시 세 번째로 말린다. 갈색이 섞인 주황색 당근에서 조청 향이 올라온다. 이렇게 아홉 번 찌고 말린 당근을 마른 팬에 올려 약한 불에서 덖는다. 고루 저어가며 약 10분 정도 하면 된다. 찌고 말리고를 아홉 번 반복하니 주황이 예쁜 갈색이 되었다. 우리니 달달한 조청 맛이 난다.

늦은 오후, 당근차 덖음이 끝날 즈음 차실에 부부 손님이 들어왔다. 비트차 한 조각 넣고 당근차를 우렸다. 맑은 주황색이 반할 만큼 예뻤다. 함께 차를 마시는데 큰 수술을 하고 회복 중에 있는 그의 아내는 귀한 당근차를 대접받아 참 좋다고 했다. 은근히 달달하고 맑은 당근 맛에 모두가 만족한 찻자리였다. 뜨겁게 우려서 예쁜 딸에게 마시라고 주었다.

"어? 익숙한 맛인데 조청 맛이 나고 맛있네. 무슨 차야?"

"당근차야. 구증구포한."

매콤한 고소함이 톡톡,
잣고추장장아찌

늘 고명으로만 쓰던 잣을

주재료로 요리해보기로 했다.

고추장에 버무려 밥 한 숟갈, 잣 한 숟갈

상추에 싸서 아함!

매콤한 고소함이 톡톡!

준비물은 각자 집에서 담근 고추장으로 버무렸더니 색이 제각각이다.

묵은 고추장으로 버무린 장아찌는 검은색이 되었다.

재료

☐ 잣 300g

☐ 해바라기 씨 1줌(없으면 생략)

☐ 고추장 200~300g

☐ 조청 150~200g

☐ 꿀 100g

☐ 간장 2T

☐ 맛술 2T

만드는 법

1. 잣은 껍질을 벗겨 찜솥에 쪄서(김이 오르면 3~4분 정도 더 찐다) 식혀둔다.

2. 준비된 분량의 고추장과 조청(또는 꿀), 간장을 넣어 끓으면 식혀둔다.

3. 2에 잣을 넣어 버무린다. 유리 용기에 담아 냉장 보관한다.

간단
고추장 만들기

따뜻한 봄날, 일부러 남겨놓은 콩 한 가마를 불려 삶아서
소쿠리에 담아 황토방에 띄웠다.
뒷집 어르신은 오랫동안 청국장을 띄우고 장을 담그셨던 분이라
그분이 알려주시는 대로 청국장을 띄웠다.
콩을 삶아 한 김 식힌 뒤 소쿠리에 담아 중간 중간 짚을 말아 넣어
따뜻한 방에 두고 깨끗한 천을 덮어놓았다.
청국장이 하얗게 뜨면서 실오라기가 생겼다.
청국장이 잘 띄워졌다.
진한 맛이 나지 않게 적당히 띄워서 햇볕에 말렸다.
이웃집이 계곡을 따라서 산자락에 띄엄띄엄 있어
냄새나는 청국장을 말려도 부담이 없다.
이틀만 지나도 꾸들꾸들해지고 며칠을 말려 방앗간에 가서 빻았다.
청국장 끓여 먹다가 남는 것으로 고추장을 담갔는데
그렇게 구수하고 맛있을 수가 없었다.
맛이 순한 청국장 가루 덕분이다.

고추장의 기본 재료는 고운 고춧가루, 소금, 엿기름으로 삭힌 찹쌀조청이다.

찹쌀을 삭혀 조청을 만드는 데 이틀은 걸리고, 소금이 고춧가루와 함께 숙성되어 맛이 나려면 반년은 기다려야 한다. 그래야 전통 고추장 맛을 볼 수 있다. 시간도 많이 걸리고 번거로운 작업이다.

좀 더 쉽게 담글 수 있는 방법이 없을까 고민하며 꾀를 냈다.

소금 대신 이미 발효된 국간장과 멸치액젓을 넣고 찹쌀을 삭히는 과정 없이 쌀조청을 사용했다. 간단하지만 맛난 고추장이 만들어졌다.

이 간단 고추장 레시피 덕분에 수업이 끝날 때마다 모두가 맛있는 고추장을 담가서 들고 갔다. 내가 만든 청국장 가루와 각자 집에서 만든 온갖 과일 청들, 매실발효액, 보리수열매청, 사과청, 쇠비름청도 챙겨오고 오디청, 오미자청, 양파청 등으로 골고루 잘 섞어서 통에 담기만 하면 되니까! 고추장을 담가서 통에 담아 갈 때 다들 진심으로 뿌듯해하고 좋아했다.

고추장 담그기 수업이 끝나면 쌀밥을 짓고 콩나물을 소금도 넣지 않고 삶아서 막 담근 고추장에 참기름을 넣고 비벼 먹는다. 그 맛이 얼마나 좋은지 먹을수록 배고픈 신기한 경험을 한다. 그다음 수업 시작 전엔 지난 주 만들어갔던 고추장 시식 후기로 왁자지껄해진다. 꼭 유치원 아이들처럼 신나서 떠드는 시간이 싫지 않다.

재료

☐ 고운 고춧가루 500g

☐ 메주 가루 200g

☐ 맑은 멸치액젓 400g(±100g)

☐ 조청 500g(±100g)

☐ 맛술이나 소주 100g

☐ 각종 발효액 400~500ml

사용 가능한 발효액 매실, 사과, 복분자, 돌배, 오미자, 블루베리, 쪽파, 양파로 만든 청.
신맛과 향이 강하지 않은 것.

만드는 법

1. 고운 고춧가루와 메주 가루는 덩어리를 잘 풀어 고루 섞어 준비한다.

2. 1에 액젓, 발효액, 조청 순으로 한꺼번에 다 넣지 않고 나눠서 조금씩 고루 잘 섞어준다.
   맛과 묽기를 조절해가며 나머지 재료를 가감한다.

겨울엔
동치미

대봉감이 익어서 홍시가 될 즈음,

첫서리 내리기 전 여문 가을무로 동치미!

겨울이 오고 있으니 동치미를 담근다.

해마다 되풀이하는 일이다.

두 해 전 내가 씨 뿌려 자란 무는 동치미 하기엔 너무 어려서 아껴두고,

우리 마을 올라오는 길 옆 희남 샘 밭의 무를 눈여겨보다가 사서 담그기로 했다.

그런데 하필 그날 우리 마을 상수도 물이 나오지 않아

다들 함께 개울에 가서 무를 씻으며 불편한 요리 수업을 즐겼다.

"계곡물에 무 씻으러 가는 경험, 몇 번이나 해보겠어요."

수원에서 요리 수업하러 온 경희 씨가 말했다.

한번은 경희 씨 어머니가 요리 수업 청강을 하셨는데

"선생님이 힘들겠어. 학생들이 수다가 너무 많아서"라고 귓속말을 하셨다.

먼저 이론부터 자세히 설명해주지만 막상 실습하면

아이들처럼 조잘조잘 다시 묻거나 옆 사람에게 물어보고

게다가 이런저런 수다까지 떨면서도 손은 부산하게 움직인다.

그렇게 완성한 요리를 들고 귀가하는 모습이 귀엽기까지 했다.

동치미

재료

☐ 동치미 무 1단(5kg)	☐ 연근 1개	☐ 편 썬 생강 3톨(또는 생강청 1/2컵)
☐ 배추 1통	☐ 배 1개	☐ 매실발효액 1/2컵
☐ 청갓 1/2단(300~400g)	☐ 사과 1개	☐ 마늘 1줌
☐ 청각 1줌	☐ 쪽파 1/2단(200g 정도)	☐ 찹쌀풀 1/2컵
☐ 삭힌 청양고추 8~10개	☐ 대파 5개	☐ 누룩소금 2T
☐ 마른 홍고추 5개	☐ 양파(큰 것) 1개	

동치미 국물 생수 5L, 소금 1컵(200~250g)

무절임 소금 1컵(180~200g 정도)

만드는 법

1. **동치미 무 손질** 무청을 잘라내고 잔털을 제거한 다음 뿌리째 씻어놓는다.

2. **소금에 절이기** 소금에 굴려 12시간 정도 절인다. 배추는 8조각을 내서 절인다. 무청은 부드러운 부분만 무와 함께 절인다.

3. 청갓은 손질한 후 깨끗이 여러 번 씻어 무 절인 소금물에 살짝 절였다가 건져놓는다.

4. 연근은 껍질을 벗겨 얄팍하게 썰어 연한 소금물에 30분 담갔다가 건져낸다.

5. 쪽파, 대파는 다듬어 무 절인 소금물에 살짝 절여 두세 개씩 말아 묶어둔다.

6. 다시마 국물 2컵 정도에 찹쌀가루 2T를 넣어 풀을 쑤어놓는다.

7. 생수 5L에 소금 1컵을 넣어 잘 녹인다.

8. 절여진 무청과 청갓은 두세 가닥씩 말아 준비하고 베주머니에 마늘, 생강, 청각 등을 넣어둔다.

9. 배, 사과는 반쪽은 갈아서 즙만 사용하고, 반쪽은 큼직하게 썰어둔다.

10. 잘 절여진 동치미 무를 김치통에 넣고 그 위에 절여 묶어둔 청갓과 무청을 사이사이에 넣고 양념 주머니도 중간쯤 넣고, 배·사과·양파·마른 홍고추·삭힌 청양고추·연근·무 등을 차곡차곡 넣는다.
    7의 소금물에 찹쌀풀을 섞어 김치통에 가만히 붓는다. 내용물이 뜨지 않게 눌러놓는다.
    무 절인 소금물 한두 컵 정도 이용해도 좋다.

11. 서늘한 곳에서 열흘 정도 익힌 뒤 냉장 보관한다.

Tip) 동치미 국물은 약간 짜게 해서 먹을 때 생수나 매실발효액, 유자청을 섞으면 좋다.

뭐라고요?
꾸지뽕정과!

늦여름, 동네 위 산책길에서 만난 꾸지뽕나무 열매.

서울에 사는 재일이네 풀이 무성한 다랑이 논에 붉어지기 시작한 열매를 발견했다.

단풍이 내려오고 있던 늦가을이 돼서야 그때 봐두었던 꾸지뽕 열매 생각이 났다.

나무가 너무 높아서 따기 힘들었다며 남편이 몇 줌 따왔다.

가끔 송이버섯을 던져놓고 가는 그 남자에게 부탁했더니

다음 날 아침 일찍 꾸지뽕 열매를 구해왔다.

모양새는 그럴듯하게 예쁜 열매다.

빨갛게 잘 익었어도 무덤덤한 맛과 무덤덤한 향을 가진 이 열매를 말캉말캉 달콤하고 부들부들하게 요리해보기로 작정했다. 그건 다름 아닌 정과!

그 무덤덤하고 매력 없는 맛을 생강과 당귀를 넣어 끓이니 생강 향이 스며들고 당귀 향이 배어 먹음직스러운 모양새를 갖춘 품격 있는 정과가 만들어졌다. 차와 함께 다식으로 내어놓으니 다담 자리를 다소곳이 빛내주었다.

재료

☐ 꾸지뽕 1kg

☐ 설탕 500g

☐ 조청 2T

☐ 꿀 2T

☐ 잣

☐ 생강청(손질해서 자른 당귀, 레몬청 1T를 써도 좋다) 5T

만드는 법

1. 꾸지뽕 열매를 살살 씻어 물기를 빼고 설탕에 하루 재워둔다.

2. 1에 생강청(손질해서 자른 당귀 또는 레몬청)을 넣어 중불에서 40분, 약불에서 20분 정도 끓인다.

3. 2가 완전히 식으면 다시 중불에서 30분 정도 졸인다.

4. 3이 식으면 다시 약불에서 25분 졸인다.

5. 4에 꿀 2T, 조청 2T를 넣고 약불에서 15분 졸인다.

6. 5의 시럽을 따라내고 건조기에서 55도에 3시간 정도 건조시키거나 자연건조시킨다.(촉촉한 식감을 좋아하면 굳이 건조시키지 않아도 된다.)

7. 보기 좋게 잣을 한 개씩 넣고 기호에 따라 계피 가루를 뿌려도 좋다.

1박2일 전통 방식의
흑미찹쌀고추장

/

"샘~ 고추장 한 번 담가요."

"1박2일 수업해야 하는데 전기밥솥 한 개씩 다 가져오세요."

엿기름 거른 물에 찹쌀가루를 삭혀 다리고 조청을 만들어 고추장을 담그기에 시간과 정성이 많이 든다.

흑미찹쌀을 일반 찹쌀과 섞어서 고추장을 담갔더니 맛이 깊고 색도 짙어 풍미가 훨씬 좋았다.

조청을 끓여 식히고 동치미도 소금에 하루 절여야 하니 이틀 동안 두 가지 요리 수업을 하기로 했다. 우리 집 황토방에서 하룻밤 숙박하며 고추장 만든 적도 있지만 이번엔 서로 시간 조절을 해서 분담하기로 했다. 엿기름을 걸러서 흑미 섞은 찹쌀가루 삭히는 팀과 흑미찹쌀가루가 삭으면 전기밥솥에 끓이는 팀으로 나누었다. 재료준비가 다 되면 함께 모여 고추장을 담그기로 했다.

남학생 연준 씨는 방앗간에 가서 분명 "메주 가루 주세요" 했다는데 미숫가루를 가져왔다. 다들 한바탕 웃었다.

찹쌀가루를 엿기름에 삭히기 위해 쌀을 깨끗이 씻어 하룻밤 충분히 불린 뒤 방앗간에 가서 빻아온다.

엿기름은 미리 생수에 불린 뒤 서너 번 거른다. 빻은 찹쌀과 걸러둔 엿기름 물을 전기 밥솥에서 보온으로 10시간 정도 당화시킨다. 생찹쌀가루가 엿기름에 당화되면 밥을 당화시킨 식혜와는 비교할 수 없을 정도로 당도가 높다. 엿기름이 주는 변화가 기적 처럼 느껴질 정도다.

차실 앞 마당가에서 전기밥솥 뚜껑을 열고 취사 상태로 3~4시간 정도 끓였다.
저 멀리 백운산 정상을 쳐다보기도 하면서 눌어붙지 않게 천천히 저어주며 흑미찹 쌀조청을 완성했다. 모두 팥죽 같다고 했다. 조청이 식을 동안 우리는 동네에 생긴 지 얼마 안 된 '세상에서 세 번째로 작은 편의점'에 가서 커피를 마셨다. 서로 수고했 다고 다독이면서.
그곳에 가면 내 친구 예쁜 혜진이가 언제나 앉아 있고 그의 남자친구 용환 씨가 있 다. 예쁜 혜진이가 우리 동네 산자락에 위치한 펜션에서 몇 달째 쉬며 묵고 있었다.
"사는 동안 즐겁게 살아보려고 요 앞에 매점 할란다."
그렇게 말하더니 참말로 구멍가게를 열었다. 그래서 남편이 '세상에서 세 번째로 작 은 편의점'이라는 이름을 지어주고 개업식에 가서 컵라면도 사고 새우깡도 샀다. 작 은 구멍가게도 하나 없던 우리 동네에 '세상에서 세 번째로 작은 편의점'이 생겨 신 선한 기쁨이었다. 가끔 가서 500원 하는 믹스커피를 마시고 어묵탕을 먹고 육개장 도 먹었다. 예쁜 딸 친구들도 여행 왔다가 그 편의점에 가서 저녁을 해결하면서 맥 주도 한 잔씩 하는 재미를 누렸다.

적당히 식은 조청에 메주 가루 먼저 넣고 멍울이 생기지 않게 잘 풀어주면서 고운 고춧가루도 잘 섞어준다. 조청, 소금, 멸치액젓, 매실주 등을 넣어 단맛과 짠맛, 묽기 농도 등을 2~3일 동안 저어주며 맞춘다.
그때 가을학기에 만들었던 전통 방식 고추장 맛이 최고였다고 수강생들은 하나같 이 말했다.

재료

☐ 고운 고춧가루 1.2Kg

☐ 찹쌀가루 1Kg

☐ 찰흑미 200g

☐ 메주 가루 500g

☐ 엿기름 500g

☐ 소금 300~400g

☐ 국간장(또는 멸치액젓) 100g

☐ 조청 500g

☐ 물 6L(엿기름 거를 때)

☐ 소주나 매실주 300ml

만드는 법

1. 찹쌀은 깨끗이 씻어 충분히 불린 다음 빻는다.

2. 엿기름은 물에 불려 잘 걸러서 엿기름 물을 만들어놓는다.

3. 걸러둔 엿기름 물에 찹쌀가루를 섞어 보온밥솥에서 삭힌다(10시간).

4. 위 3을 눌어붙지 않게 잘 저으면서 걸쭉해질 때까지 다린다(2~3시간 정도).
   보온밥솥을 취사로 해놓고 뚜껑을 연 채 다리면 편하다.

5. 다려둔 찹쌀조청에(미지근할 때) 메주 가루를 먼저 섞은 다음 고운 고춧가루를 잘 풀어서 골고루 섞
   어준다.

6. 농도는 준비된 분량의 소금과 국간장, 조청, 소주(매실주) 등을 맛을 봐가면서 가감한다.

7. 3~4일 지나면 통에 담는다.

수업의 마지막은
김장김치

가을학기 마지막 수업은 김장!

처음 수업할 때 배추를 직접 절여서 김치를 담갔다. 희남 샘이 농사지은 배추를 구입해서 소금에 절이는 것부터 수업했다. 시간이 많이 걸리고 번거롭고 일이 많았으나 김장김치를 완성하고 나면 다들 뿌듯해하고 부자가 된 것 같다고 말했다. 그러다가 믿을 만한 농부가 파는 절임배추를 쓰기로 했다.

맑은 멸치액젓을 미리 공동구매하고 미경 씨 동생이 유기농으로 농사한 고춧가루도 공동구매했다.

"무는 제가 준비할게요. 농사지은 게 있거든요."

귀촌한 현진 샘이 말했다.

"언니, 나는 바빠서 시장 못 가요. 미나리 제 것까지 사다줘요."

은옥 샘과 봉주 샘은 지리산학교에서 만난 사이인데 저렇게 허물없이 언니동생으로 지낸다. 이인 샘도 "청각은 제가 넉넉히 사올게요"라며 서로 나누고 배려하며 김장 준비를 했다.

"김장김치는 처음 해보네요."

은주 샘이 그랬고 미경 씨도 그랬다. 은주 샘은 어린 손주가 할머니 집에 오면 만들어줄 수 있는 요리가 없어 다 사서 먹였는데 이제부터는 손수 만들어주고 싶다며 수강 신청을 했다. 김장을 해서 김치통 세 개를 준비해왔는데 사돈댁, 딸네, 당신 먹을 것, 이렇게 세 통으로 나눠서 담아갔다.

이인 샘은 언제나 김치류는 두 배를 했다. 혼자 사는 친구 몫까지 하니 그렇다. 지난번에는 다 나누고 나니 정작 자기 몫이 없어 혼자서 다시 김장을 했다고 한다. 그런데 수업 때 했던 김치 맛이 안 난다고 아쉬워했다. 늘 나누고 주변 사람들을 먼저 챙겨주던 이인 샘! 그게 자신의 본분인 것 같다고.

같은 레시피로 양념을 하고 김치를 담그지만 맛은 각각 다르다. 항상 그렇다.

몇 해 전에 김치 수업할 때 준비물로 고춧가루, 찧은 마늘, 미나리… 등이라고 했더니 찬희 씨는 마늘을 찜솥에 쪄서 가져왔다. '찧은' 마늘을 '찐' 마늘로 이해했던 사건 때문에 두고두고 웃었다. 글로 요리하고 국어를 가르치는 선생님이었던 찬희 씨! 김장 수업을 하고 집에 가서 "어머니, 절임배추 20킬로그램에 마늘은 500그램만 쓰면 됩니다"라고 수십 년 김장을 하신 시어머니에게 한수 가르쳤다는 이야기를 자랑스럽게 해서 우리 모두 박수 치며 웃었던 일도 잊을 수 없다.

이렇게 김장김치가 끝나면 겨울방학이다.

때마다 김치를 먹으며 '내가 김장을 하다니!' 뿌듯해하며 겨울을 보냈다고 수강생들이 인사를 했다.

재료

- ☐ 절인 배추 20kg(배추 8~10포기)
- ☐ 고춧가루 1kg(±200g)
- ☐ 멸치액젓 1L(±200ml)
- ☐ 새우젓 100~200g
- ☐ 무(중간 크기) 2개

- ☐ 당근 1~2개
- ☐ 다진 마늘 500g(±100g)
- ☐ 생강 150g(또는 생강청)
- ☐ 배, 사과, 양파 각 1개
- ☐ 찹쌀풀 4컵

- ☐ 마른 청각 200g
- ☐ 쪽파(400~500g)
- ☐ 갓 1단(1kg)
- ☐ 미나리 1단(400~500g)
- ☐ 생연근 1개

만드는 법

1. 고춧가루는 씨째 빻은 양념용으로 준비한다.

2. 멸치액젓은 잘 삭힌 맑은 액젓 또는 진젓을 섞어 사용해도 된다.

3. 마늘과 생강은 절구에 찧거나 잘 다진다(생강청도 가능). 배, 사과는 갈아서 즙을 사용하고 양파와 생연근은 갈아서 사용한다.

4. 마른 청각은 깨끗하게 씻어서 1cm 길이로 썬다.

5. 씻어 손질한 미나리(줄기 부분)와 쪽파, 갓은 4cm 크기로 잘라둔다(쪽파와 갓은 멸치액젓에 살짝 절여 자르지 않고 배추 속에 넣어도 된다).

6. 홍시감(3~4개)을 사용해도 좋다(껍질과 씨를 빼고 갈아서 사용).

7. 무는 굵직하게 채 썰어 멸치액젓에 살짝 절인 뒤 약간의 고춧가루를 넣어 버무려둔다. 당근도 채 썰어 준비한다.

8. 준비한 찹쌀풀에 액젓, 새우젓, 마늘, 생강, 과일즙을 넣은 다음 고춧가루를 넣어 버무리다가 위의 나머지 채소들을 다 넣고 고루 잘 섞는다. 입맛에 맞게 재료를 가감한다.

9. 절인 배추에 잎을 한 장씩 들추면서 양념소를 살살 버무려 넣는다.

10. 소를 넣은 배추를 접어 마지막 겉잎으로 잘 싸서 통에 차곡차곡 담는다. 1~2일 실온에 두었다가 냉장 보관한다.

*배추절임 농도: 배추 10포기 기준, 소금 2kg±200g(소금물 농도는 물 10 : 소금 1)

섬진강 가에서 자란
야생갓피클

직원들과 함께 강정을 만들고 있는데 갑자기 전기가 나갔다. 하던 일을 멈추고 차를 마시는데 누군가 말했다.

"그냥 있지 말고 섬진강 둑길을 걷자."

간밤에 내린 서리가 그늘에는 아직 남아 있었고, 굽이져 흐르는 물길이 투명하고 빛났다.

한참을 걷다 보니 길가 언덕에 푸른빛이 지천에 널려 있었다. 토종 갓이었다.

몇 포기만 뜯었는데 한 뿌리가 얼마나 큰지 한 보따리다. 잎을 만지기만 해도 매운 겨자 향이 코끝을 톡 쏜다. 손질을 해서 줄기가 통통하고 긴 것과 작고 보드라운 것 두 종류로 나눴다.

야생 갓이라 매운맛이 강하고 세어서 김치 대신 피클을 담으면 새콤, 달콤, 매콤, 적 당히 잘 어우러지겠다 싶어 담갔더니 과연 톡 쏘는 맛이 더해져 섬진강 가에서 자 란 야생 갓 맛에 푹 반했다.

소스는 지난봄에 만들어둔 감칠맛이 가득한 다시마식초와 작년 6월에 복숭아 향 나는 잘 익은 남고매실로 담근 매실발효액과 뜨거운 물에 녹인 소금을 넣어 간을 맞췄다.

야생 갓은 억센 겉잎을 뜯어내어 손질한 뒤 깨끗이 씻어 뜨거운 물을 부어 소록소록 데쳐 건져낸다. 물기를 빼고 적당한 그릇에 차곡차곡 담아 준비해둔 소스를 부어 꼭 눌러놓는다.

뜨거운 물에 갓을 데치는 것이 아니라 그릇에 갓을 담아 뜨거운 물을 부어 20분 정도 설경설경 데친다. 야생 갓에 뜨거운 물을 부으면 김이 나면서 숨이 죽는데 눈물이 철철 흐른다.

그야말로 눈물을 쏙 빼놓았다.

참말로 톡 쏘고 맵다. 갓이 얼마나 매운지 알고 싶거든 뜨거운 물을 부어보면 된다. 익으면 톡 쏘고 맵지만 따뜻한 겨울 섬진강을 닮았다.

김밥에 넣거나 곁들이니 금상첨화다.

재료

☐ 야생 갓 2kg

☐ 매실발효액 500g

☐ 다시마식초 400g

☐ 소금 50g

☐ 물 300g

☐ 맛술 100g

만드는 법

1. 갓을 다듬어 손질한 후 씻어 물기를 빼놓는다.

2. 약간의 소금을 넣어 끓는 물을 재료가 잠기도록 1에 부어서 20분 정도 둔다.

3. 2의 물을 따라내고 물기를 짜둔다.

4. 갓을 제외한 모든 재료를 끓여서 한 김 나가면 3에 붓는다. 재료가 소스에 잠기도록 다독다독 눌러 놓는다.

5. 이틀 뒤면 먹을 수 있다.

톡 쏘는 감칠맛,
안동식혜

오래전 안동으로 시집간 어느 분의 이야기다.

한겨울에 시어머니가 항아리 가득 안동식혜를 담아두셨는데, 살얼음이 동동 낀 식혜를 한 그릇씩 퍼 와서 맛보고는 처음에는 '이게 무슨 맛이지?' 갸웃했다고 한다. 그러다가 점점 그 맛에 반해서 직접 만들었다며 나에게 맛을 보여주었다.

처음 맛보았을 때 뭐라고 할까! 김유정의 소설 〈봄봄〉에 나온 알싸한 동백꽃 멀미 맛? 궁금해서 한 숟갈 먹어보다가 무슨 맛인지 진지하게 다시 음미하려고 또 한 숟갈. 갸웃갸웃. 다시 한입 맛보다가 어느새 안동식혜에 반하고 말았다.

엿기름에 삭힌 밥알과 엿기름 향미와 무에서 나온 시원한 맛, 고춧가루의 매운맛, 알싸한 생강의 향과 맛이 조화로운 발효식품이다.

걸쭉하고 톡 쏘는 맛에 땅콩, 잣 등 견과류를 넣으면 맛이 더 좋다. 칼칼하고 매콤하고 달달하고 얼얼하고, 견과류 덕분에 고소하고, 톡 쏘는 감칠맛 나는 매운맛의 매력에 빠져들게 하는 안동식혜.

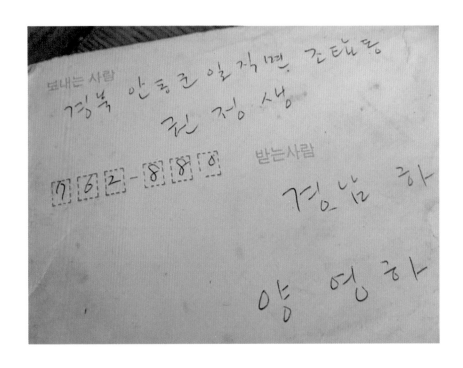

나에게 안동은 권정생 선생님을 떠올리게 한다. 그분께 받은 편지를 아직도 간직하고 있다.

양 선생님, 편지 주셔서 고맙습니다.

양 선생님 편지 오던 날, 독일에서 공부하고 있다는 분의 편지도 함께 받았습니다. 조국의 분단과 일그러져가는 사회와 고통당하고 있는 사람들의 아픔을 노여움 가득히 적어 보내왔습니다.

그날 읽고 있던 책은 중국의 작가 루쉰이 일본 유학 시 의학 공부를 하다가 갑자기 그만두고 본국으로 돌아가는 장면이었습니다. 일본 학생들은 러일전쟁에서 일본이 이겨 만세를 부르는데 루쉰은 혼자 침략자 일본에게 당하고 있는 조국의 불행을 본 것입니다. 육체의 병보다 정신의 병이 더 절실하다고 생각하고 의학에서 문학으로 전향했던 것입니다.

제가 체험으로도 잘 압니다. 육체의 병은 마음의 병으로부터 온다는 것을. 지금 행복하다는 사람들, 그들은 한국인이 아닙니다.

그곳의 아름다운 봄이 진정 아름다울 수 있도록, 조국의 아픈 곳이 치유되도록 기도해주세요.

1990년 3월 15일 권정생 드림

권정생 선생님께 편지를 보내고 답장을 받아서 얼마나 좋아했던지, 남편이 나에게 루쉰 산문집 《아침 꽃을 저녁에 줍다》를 선물했다. 그리고 10년이 지난 2000년 6월 어느 날. 안동시 일직면 조탑동에 있는 선생님 댁을 찾아가서 뵈었다.

빼곡히 쌓아놓은 책 때문에 서너 사람 앉기도 좁아 보이는 방에서 선생님의 맑은 웃음을 보았다.

방 안에 들어온 생쥐 한 마리도 내쫓지 못할 만큼 외롭다며 조곤조곤 말씀하시던 선생님의 모습이 아직도 눈에 선하다. 늘 그리운 곳으로 가슴에 남아 있는 안동, 그리고 권정생 선생님.

재료

☐ 찹쌀 1kg

☐ 무 800g

☐ 고운 고춧가루 80g

☐ 엿기름 250g

☐ 엿기름 거른 물 1.8L

☐ 생강 200g 또는 생강청 350ml

☐ 설탕 70g

☐ 견과류

만드는 법

1. 찹쌀을 깨끗이 씻어 6시간 정도 충분히 불린 뒤 찐다(고두밥은 밥알이 삭아도 동동주처럼 송골송골하게 쪄야 한다).

2. 엿기름은 미지근한 물에 불려 조물조물 짜낸 뒤 건더기는 버리고 물은 가라앉혀 맑은 윗물만 따라 놓는다.

3. 고운 고춧가루는 걸러낸 엿기름 물에 20분 정도 불렸다가 고운 채에 걸러둔다.

4. 무는 너비 0.6~0.7cm, 두께 0.3~0.4cm로 반듯하고 네모나게 썰어서 설탕에 10분 정도 살짝 절인다.

5. 생강은 껍질을 벗겨내 갈아서 고운 채에 걸러준다. 가라앉은 전분은 버리고 즙만 사용한다.

6. 위의 재료들과 생강즙을 엿기름 물에 잘 섞어 항아리나 그릇에 담아 6~8시간 정도 실온에서 삭힌다(과발효되지 않도록 주의한다). 삭힌 후 반드시 냉장 보관한다.

Tip) 밥알이 동동 떠오르면 잘 삭은 것이니 바로 냉장 보관한다.

안동식혜를 먹을 때 견과류를 곁들이면 좋다.

분단장
곶감단지

가을에 잘 익은 대봉감을 깎았다. 금목서 그늘 옆 주황 그네 지붕 아래 깎은 감을 매달아 기다렸다. 주황 그네 의자 위에 매달려 있는 주황 대봉감이 참 곱게도 꼬들꼬들해져갔다.

수분이 빠지니 주황이 투명해지면서 하얗게 분이 생겼다. 그 모습을 보고 그냥 지나치기 어려웠겠다. 우리 집에 오신 손님들이…. 헐렁해진 걸 알지만 달달하게 마음 채우고 가셨겠거니… 은근 뿌듯했다.

더 마르면 안 되는데 미루다 보니 쭈글쭈글해지고 하얀 분이 주황색을 다 덮었을 때 거두었다. 이제 곶감단지를 준비할 차례다.

대추는 돌려 깎아 씨를 빼고 채 썰었다. 자칫 변비를 일으킬 수도 있는 곶감에 비해 장 활동에 좋다고 알려진 매실을 꼭 넣어야지! 매실장아찌를 다져 놓았다. 호두는 강정을 만들어서 다지고 잣도 한 줌 준비하여 재료들을 잘 섞어두고, 곶감은 꼭지를 잘라내고 씨를 제거해 속을 비워두었다.

씨를 빼서 손질한 곶감 속에 섞어놓은 재료를 작은 수저로 넣고 꼭꼭 눌러서 채웠다. 속이 꽉 차고 동글동글 모나지 않은 성품을 가진 그런 나무랄 데 없는 맛이었다. 토담농가를 귀하게 방문하시는 지인과 손님들에게 찻자리마다 하나둘씩 내어놓으니 곶감 빼먹듯이 금방 없어졌다.

재료

☐ 곶감 10개

☐ 다진 호두강정 150g

☐ 채 썬 대추 120g

☐ 다진 매실장아찌 120g

☐ 잣 50g

☐ 유자청 50g

정과 중 최고,
한라봉껍질정과

명절이라고 나비클럽 출판사 대표님이 보내주신 선물 한라봉이

참 씩씩하게도 잘생겼다.

껍질을 벗기니 도톰하고 상큼함이 참 좋았다.

버리기 아까워서 한라봉 껍질로 정과를 만들면 좋겠다는 생각이 들었다.

껍질이 상큼한 맛을 더 하니 한라봉껍질정과는 다른 정과와 견줄 만큼 손색이 없었다.

완성된 정과에 눈처럼 슈가파우더를 뿌렸더니

남편은 정과 중에 최고라고 진심으로 칭찬해주었다.

그리고 시를 한 편 붙여주었다.

귀가

바람 없는 저녁
홀로,
땅에 내리는 달빛처럼

며칠 여행을 마치고
고요히,
숨을 곳 찾아 집으로 가는 사람아

산등성이 덮으며 더욱 빛나는 눈처럼
골짜기 채우며 점점 자라는 눈처럼

그대가 부르는 노래도
제법 쓸쓸하게,
내 가슴에 쌓이는 저녁입니다.

_공상균

껍질을 식초 물에 담가 깨끗이 씻어 벗긴 다음 칼로 세모 모양을 내며 잘라놓았다. 뜨거운 물에 소금 한 꼬집 넣고 데쳤다. 한라봉 껍질을 데치니 무게가 늘어난다. 찬물에 헹궈 20분 정도 우렸다.

향이 너무나 좋은데 씁쓰름한 맛이 많아서 좀 우렸다. 설탕을 60퍼센트 넣어 절인 후 하룻밤 지나 물 한 컵 넣고 중불에 바글바글 끓으면 불을 끈다. 식으면 다시 약불로 졸인다. 다시 투명해지다가 시럽도 줄어 걸쭉해질 때까지 약불에 졸인다. 과육은 설탕과 꿀을 넣고 졸인다. 설탕의 양은 과육 무게의 반 정도. 세 번을 졸였더니 무거운 느낌이 걸쭉하고 색도, 맛도 참 좋다.

recipe
한라봉껍질정과

재료

☐ 한라봉 껍질 250g(데치면 500g)   ☐ 조청(또는 꿀) 50g

☐ 설탕 260g   ☐ 생수 150ml

만드는 법

1. 한라봉을 식초 물에 담가 깨끗이 씻은 뒤 껍질을 벗겨 먹기 좋은 모양으로 자른다.

2. 뜨거운 물에 소금 한 꼬집을 넣고 데친다.

3. 찬물에 헹궈 30분 정도 우린 후 설탕에 하룻밤 재워둔다(향은 좋으나 씁쓰름한 맛이 강하기 때문에).

4. 3에 물을 부어 중불에 바글바글 8~10분 정도 끓인다.

5. 4가 식으면 2차로 꿀이나 조청을 넣고 시럽이 걸쭉해질 때까지 약불에 졸인다.

6. 졸인 껍질을 철망에 하나하나 펼쳐서 실온에 꾸들꾸들하게 말리거나 건조기(60도에서 60분)에 말린다.

(Tip) 한라봉 껍질이 두꺼울수록 맛있는 정과가 된다. 껍질을 데치면 양이 두 배로 늘어난다.

간편하게
장 담그기

30대 중반이면 젊은 나이인데 청국장을 띄우고 메주를 만들어 장을 담갔다. 지금 생각해도 대견스럽다. 내가 아닌 내 속에 있는 또 다른 어른이 하지 않았을까?

처음 장을 담글 때는 마당가에 가마솥을 걸어 콩을 삶았다. 친정어머니와 이모님 두 분이 오셔서 도와주셨다. 만들고 배워가면서 시작한 장 담그기. 그렇게 익힌 장맛이 얼마나 정갈하고 좋았는지! 어느 해부터는 큰 가마솥을 실내 주방에 걸어 가스불로 콩을 삶았다.

콩 서른 가마를 가마솥에 삶아 메주를 만들었다. 큰 가마솥에 콩 20되를 삶을 수 있었다. 하루에 두 가마씩 두 번 작업했으니 밤새 불 조절을 잘해 아침이 되면 콩이 적당히 삶아졌다. 이제 메주를 만들고 오전 중에 다시 가마솥에 콩을 삶았다.

콩을 삶을 때는 불 조절이 참 중요하다. 어쩌다 눌어붙거나 태우기도 했다. 콩이 많이 타면 화건내(불 냄새)가 나서 맛을 버리니 아예 버려야 한다. 눌어붙거나 태운 콩이 섞이면 눈에 띄기도 하지만 딱딱해서 찧어지지 않기 때문에 골라내야 한다.

메주를 만들어 꾸들꾸들하게 마를 즈음에 짚 끈이나 짚으로 메주를 감싼 뒤 양파 담는 망에 넣고 처마에 매달아 겨울을 보냈다.

처마에 매달아 적당히 말린 뒤 황토방에 지푸라기를 깔고 그 위에 메주가 서로 붙지 않게 놓은 다음 다시 지푸라기를 설겅설겅 올려 덮어 군불을 때서 열흘에서 보름 정도 띄웠다. 하얀 곰팡이가 나면서 쿰쿰한 냄새가 풍기고 사나흘 뒤부터 뜨기 시작한다.

가만히 귀 기울이면 잠결에 들리는 감미로운 비 소리 같기도 한, 메주 뜨는 소리가 들린다. 한꺼번에 뜨기 시작하면 습이 많이 생기니 반드시 통풍이 되게 창문을 열어두었다. 골고루 메주가 잘 띄워지게 뒤집어주며 정성껏 살피며 돌봤다.

하얀 곰팡이가 피고 잘 띄워지면 메주를 다시 처마에 매달아 잘 말린다.

정월에 좋은 날 장을 담그거나 메주를 늦게 쑤었을 때는 음력 3월에 간수가 잘 빠진 소금을 미리 물에 잘 풀어서 농도를 맞춰 장을 담갔다.

고마운 이웃의 손과 더불어 물소리, 천왕봉으로 오르는 바람, 살구꽃, 매화꽃 향기, 매미 소리, 가을 뙤약볕과 달님까지 장독대 속에 들어 있어 지켜주니 구수하게 잘 발효된 된장이 완성되었다.

해마다 담갔던 된장이지만 유독 추웠던 어느 해에는 메주가 마르기도 전에 얼어 보슬보슬해져 띄워도 보스락거리며 찰기가 없었다. 그해엔 장맛이 씁쓸하고 신맛이 나서 속상했다. 태산같이 많은 된장을 어떡하나.

일부는 버리다가 뒷집 할머니에게 여쭈어보니 묵히면 맛이 나아진다고 해서 그냥 그대로 두었다. 손대기가 싫어 아직도 그냥 그대로 두고 있다. 장독대만 보면 묵직한 짐 덩어리가 가슴을 누르고 있는 느낌이었다. 콩에서, 메주에서, 된장에서 일렁거리는 멀미가 났다면 믿을 수 있을까?

살면서 질리도록 멀미 난 것 세 가지가 있는데 그중 하나가 저 콩이다. 나머지 두 가지는 장아찌와 이불이 그렇다. 민박을 하다 보니 무겁고 큰 이불을 세탁하고 말려 곱게 개켜서 황토방에 들여놓기까지 힘이 들고 지쳐서 그렇다.

콩도 쳐다보기 싫고 된장도 싫고 항아리도 미웠다. 아예 콩을 삶지 않고 장도 담그지 않았다. 여러 해 동안 그랬다. 된장찌개도 끓이지 않았다. 콩 한 가마를 삶을 수 있는 큰 가마솥을 아예 떼어서 필요한 지인에게 기증하고 나니 가슴을 누르고 있던 무거운 짐 덩어리가 가벼워지는 느낌이 들었다.

그렇게 10년이 흘러갔다. 그러다 우리 집에 새 식구로 며느리를 맞으면서 된장과 메주, 콩에 대한 멀미가 서서히 가라앉았다. 다시 콩을 사고 메주를 만들고 띄워서 장을 담그게 된 지 이제 세 해째.

콩 900그램이 들어가는 슬로우쿠커에 콩을 삶았다. 예전에 콩 40킬로그램을 가마솥에 삶았던 것에 비하면 900그램 정도의 콩을 삶아 메주를 만드는 것은 소꿉장난 정도여서 다른 일을 해가면서 하루에 두 번 정도 아기 베개만 한 크기의 메주를 만들었다.

작으니 쉽고 일렁거림도 없고 짓누르는 짐도 없어졌다. 다시 나의 순정을 주어 작은 항아리에 장을 담갔다. 사랑하는 가족이 먹을 건강한 밥상을 위해서.

재료

☐ 메주 한 말 10kg

☐ 소금 4.5kg

☐ 물 20L

☐ 숯(작은 것) 2개

☐ 홍고추 5개

☐ 대추 5개

☐ 먹태 2마리

☐ 다시마 1장

만드는 법

1. 메주 씻기: 잘 띄운 메주를 살살 씻어서 햇볕에 물기를 말린다.

2. 소금물 만들기: 물 20L에 소금을 4~4.5kg 풀어 미리 녹여놓는다.

3. 항아리 소독하기: 가스불에 항아리를 뒤집어 올려 약불로 소독한다.

4. 소독한 항아리에 먹태와 다시마를 넣어 메주를 차곡차곡 담는다. 메주가 잠기도록 소금물을 붓는다.

5. 대추와 홍고추를 넣고 마지막으로 달군 숯을 넣는다.

6. 항아리 입구를 천으로 잘 싼다.

7. 100일 지나서 장과 된장을 분리한다.

지리산학교 요리 수업

초판 1쇄 펴냄 2022년 11월 15일
3쇄 펴냄 2024년 11월 7일

지은이 양영하
펴낸이 이영은
교정 오효순
홍보마케팅 김소망
디자인 normmm
제작 제이오

펴낸곳 나비클럽
출판등록 2017. 7. 4. 제25100-2017-0000054호
주소 서울특별시 마포구 동교로22길 49 2층
전화 070-7722-3751 **팩스** 02-6008-3745
메일 nabiclub@nabiclub.net
홈페이지 www.nabiclub.net
페이스북 @nabiclub
인스타그램 @nabiclub

ISBN 979-11-91029-59-8 13590